国家电网
STATE GRID

国网陕西营销服务中心

负荷管理业务综合指导汇编

国网陕西省电力有限公司营销服务中心（计量中心）
国网电力科学研究院武汉能效测评有限公司
编

黄河出版传媒集团
宁夏人民出版社

图书在版编目（CIP）数据

国网陕西营销服务中心负荷管理业务综合指导汇编 / 国网陕西省电力有限公司营销服务中心（计量中心），国网电力科学研究院武汉能效测评有限公司编. -- 银川：宁夏人民出版社，2024.8. -- ISBN 978-7-227-08033-6

Ⅰ. TM714

中国国家版本馆CIP数据核字2024L2P451号

国网陕西营销服务中心负荷管理业务综合指导汇编

国网陕西省电力有限公司营销服务中心（计量中心）
国网电力科学研究院武汉能效测评有限公司
编

责任编辑 贺飞雁
责任校对 刘建昌
封面设计 齐玉成
责任印制 侯 俊

黄河出版传媒集团 宁夏人民出版社 出版发行

出 版 人 薛文斌
地　　址 宁夏银川市北京东路139号出版大厦（750001）
网　　址 http://www.yrpubm.com
网上书店 http://www.hh-book.com
电子信箱 nxrmcbs@126.com
邮购电话 0951-5052104 5052106
经　　销 全国新华书店
印刷装订 宁夏银报智能印刷科技有限公司
印刷委托书号（宁）0030754

开　　本 889 mm × 1194 mm 1/16
印　　张 13
字　　数 130 千字
版　　次 2024年8月第1版
印　　次 2024年8月第1次印刷
书　　号 ISBN 978-7-227-08033-6
定　　价 48.00元

前言

随着经济的发展和人民生活水平的提高，我国的能源需求不断增长，全国用电负荷特别是居民用电负荷快速增长。尖峰、高峰时段电力需求刚性增长，极端气候现象多发，增加了电力安全供应的压力。具有随机性、波动性、间歇性特征的可再生能源大规模接入电网，对电力系统的稳定性带来新的挑战。同时社会各方面对电力安全稳定供应的要求不断提高，迫切需要兜牢电力安全保供的底线。通过电力负荷管理，整合需求侧响应资源，可以加强对电力系统的调度和管理，改善电网运行状况，从而保障电网安全稳定运行，维护供电秩序平稳；还可以优化能源资源配置，提高能源利用效率，促进经济、能源、环境的协调发展，有利于实现国家的可持续发展。

2022年5月底，国家发展和改革委员会、国家能源局联合印发《关于推进新型电力负荷管理系统建设的通知》，就加强电力运行调节、深化电力负荷管理、成立电力负荷管理中心等工作进行部署，要求2025年，系统负荷控制能力达到本地区最大负荷的20%以上，负荷监测能力达到本地区最大负荷的70%以上。

2023年9月，国家发展和改革委员会等部委联合相继印发《电力负荷管理办法（2023年版）》（以下简称《办法》）、《电力需求侧管理办法（2023年版）》（以下简称《办法》）。其中，《电力负荷管理办法（2023年版）》首次明确了电力负荷管理的内涵，并对做实做细相关工作提出了具体要求。一是逐步将需求响应作为电网经济运行常态化调节措施，从实施执行层面进一步明确电力负荷管理中心等单位职责；二是细化有序用电方案，科学规范有序用电全流程；三是加强新型电力负荷管理系统平台支撑，不断接入各类用户主体，精准实施负荷信息采集、预测分析、测试、调控、服务等工作。《电力需求侧管理办法（2023年版）》丰富了电力需求侧管理工作内涵，突出需求响应和电能替代两项重点内容，进一步强化电力安全底线思维。一是利用经济激励手段，引导具备响应能力的电力用户自愿调整用电行为，主动削峰填谷获取补偿收益，充分调动需求侧资源积极性；二是科学有序实施以电代煤、以电代油等措施，实现主要使用绿色电力的替代用能模式，提升工业、建筑、交通等重点领域电气化水平。贯彻两个《办法》要求，强化负荷管理助力新型电力系统建设，推进负荷管理常态化业务运行，不断扩大需求响应规模，规范实施有序用电管理。深化新型电力负荷管理系统建设，加强负荷管理中心能力建设；深化需求侧管理服务能源清洁绿色转型，全面实施节约用电，积极推进绿色用电，科学有序推进电能替代，创新开展智能用电。

电力负荷管理系统作为配置管理电力资源的重要抓手，是负荷资源统一管理、统一调控、统一服务的重要工具。而电力负荷管理中心负责新型电力负荷管理系统建设运行，统筹协调开展电力负荷管理工作，完善相关技术标准和管理规范，是保障电力供应安全、促进新能源消纳提供有力支撑。政策文件是指导负荷管理中心工作的关键依据。通过对政策文件进行解读和汇编，可以使负荷管理中心更好地理解和掌握政策要求，从而更好地执行政策，更好地履行电力保供责任。遵循政策要求，负荷管理中心可以优化工作流程，提高工作效率，同时确保工作的规范性和合规性。通过针对不同业务板块进行系统性的政策解读和汇编，负荷管理中心可以更好地掌握各业务领域的工作重点和要求，从而更好地指导实际工作，提高工作质量。政策汇编可以为不同部门之间的协作提供共同的理解和参考依据，使各部门可以更好地协同工作，促进信息共享和资源整合，从而更好地服务于电力保供工作。

本次编制的政策解读汇编工作以实际业务为导向，围绕负荷管理与负荷排查、需求响应、有序用电、节约用电、虚拟电厂、客户侧储能、空调负荷管理七个业务板块，从国家层面、陕西省层面两个维度，对2021年至2023年所发布的政策文件开展解读工作，并形成相对应的应用场景、业务话术沟通及培训题库。

2024年6月

目录

第一部分

负荷管理政策解读篇

第一篇　《电力需求侧管理办法》

一、政策节选

节选自：第二章　节约用电（第七条至十一条）

第七条　本办法所称节约用电，是指通过实施合理、可行的技术、经济、管理和服务措施，促进用户提高能源利用效率，实现用电环节电力电量节约，促进电力系统有效节能降碳。

第八条　实施电网企业电力需求侧管理目标责任考核评价制度，省级电力运行主管部门制定和下达本级电网企业电力电量节约指标，采取评价与考核相结合的方式，实行年度评价、统筹考核；电网企业当年电力、电量节约指标不低于其售电营业区内上年最大用电负荷的0.3%、上年售电量的0.3%；电网企业可通过自行组织实施或购买服务实现。进一步完善评价考核指标体系，提升非输配环节项目评价比重。

第九条　聚焦重点行业和领域分业施策、分类推进。强化工业、建筑、交通、农业等重点领域电力需求侧管理与碳达峰行动方案衔接，统筹提升重点用能工艺设备产品效率和全链条综合能效。完善新型用电基础设施的能效管理，加强绿色设计、运维和能源计量审查，提升能源利用效率、降低能耗。

第十条　鼓励发展综合能源服务产业促进节电降碳。强化综合能源服务商、负荷聚合商等新兴经营主体培育。鼓励电力需求侧管理服务机构开展合同能源管理、综合节能、电力交易、可再生能源绿色电力证书（简称“绿证”）交易以及碳交易等多元化能源服务，满足电力用户的差异化能源需求，助力电力用户能效提升、节电降碳。

第十一条　各地政府主管部门组织编制和动态发布电力需求侧管理技术推广目录，普及应用节电新技术、新方式。针对工业等领域开展节电评价标准制定，健全评价机制。强化能效标杆引领，系统推进全社会综合能效全面提升。

节选自：第三章　需求响应（第十三条至二十条）

第十三条　积极拓宽需求响应主体范围。各类经营性电力用户均可参与需求响应，有序引导具备响应能力的非经营性电力用户参与需求响应。鼓励推广新型储能、分布式电源、电动汽车、空调负荷等主体参与需求响应。

第十四条　提升需求响应能力。到2025年，各省需求响应能力达到最大用电负荷的3%—5%，其中年度最大用电负荷峰谷差率超过40%的省份达到5%或以上。到2030年，形成规模化的实时需求响应能力，结合辅助服务市场、电能量市场交易可实现电网区域内需求侧资源共享互济。

第十五条　加快构建需求响应资源库。各省级电力运行主管部门应指导电网企业根据需求响应的资源类型、负荷特征、响应速率、响应可靠性等关键参数，形成可用、可控的需求响应资源清单，并基于需求响应实际执行情况等动态更新。

第十六条　全面推进需求侧资源参与电能量和辅助服务市场常态化运行。鼓励满足条件的需求响应主体提供辅助服务，保障电力系统稳定运行。鼓励通过市场化手段，遴选具备条件的需求响应主体提供系统应急备用服务，签署中长期合约并明确根据电网运行需要优先调用。支持符合要求的需求响应主体参与容量市场交易或纳入容量补偿范围。

第十七条　建立和完善需求侧资源与电力运行调节的衔接机制，逐步将需求侧资源以虚拟电厂等方式纳入电力平衡，提高电力系统的灵活性。

第十八条　充分发挥电力需求侧管理服务机构的资源整合能力。支持各类电力需求侧管理服务机构整合优化可调节负荷、分布式电源、新型储能等需求侧资源，以负荷聚合商或虚拟电厂等形式参与需求响应，创新用电服务模式，培育用电服务新业态。支持地方电网、增量配电网、微电网开展需求响应。支持乡村符合条件的需求侧资源由电力需求侧管理服务机构代理参与需求响应。

第十九条　建立并完善与电力市场衔接的需求响应价格机制。根据“谁提供、谁获利，谁受益、谁承担”的原则，支持具备条件的地区，通过实施尖峰电价、拉大现货市场限价区间等手段提高经济激励水平。鼓励需求响应主体参与相应电能量市场、辅助服务市场、容量市场等，按市场规则获取经济收益。

第二十条　各地电力运行主管部门负责本地区需求响应工作，各地能源监管部门根据职责开展相关市场监管工作。电网企业在各级电力运行主管部门指导下，根据本地实际情况成立电力负荷管理中心，负责新型电力负荷管理系统建设和运营工作。省级电力负荷管理中心受电力运行主管部门委托组织开展需求响应交易与执行，电力交易机构和电力调度机构按职责分工协同开展相关工作。各类需求响应主体的权责按照当地电力市场相关规定确定。

节选自：第七章　有序用电（第三十九条至四十三条）

第三十九条　电力运行主管部门应结合实际，按照有保有限原则，制定有序用电方案。严格保障居民、农业、重要公用事业和公益性服务等用电，优先保障重点产业链供应链企业用电。确保生产安全的前提下，重点限制淘汰类、限制类、高耗能、高排放、低水平等企业用电。不得以国家和地方节能目标责任评价考核的名义对用能企业、单位等实施无差别的有序用电。

第四十条　电力运行主管部门应引导、激励电力用户优化用电方式，对积极采取需求响应等电力需求侧管理措施并经评估取得明显效果的工业企业等电力用户，可适度放宽其有序用电参与要求。

第四十一条　电网企业依托新型电力负荷管理系统开展负荷精准调控，各地负荷监测能力应逐步达到本地区最大用电负荷的70%以上，负荷控制能力应逐步达到本地区最大用电负荷的20%以上。

第四十二条　各地电力运行主管部门应会同电网企业完善电力保障机制，精细化开展有序用电工作，制定有序用电方案并及时更新，开展专项演练，依法依规实施有序用电。

第四十三条　在面临重大自然灾害和突发事件时，电网企业应根据不同情形执行事故限电序位表、国家大面积停电事件应急预案和启动预案等。

二、政策解读

文件坚持节约优先，促进电力用户能效提升。通过实施电网企业电力需求侧管理目标责任考核评价制度、聚焦重点行业和领域分业施策、分类推进、鼓励发展综合能源服务产业促进节电降碳、各地政府主管部门组织编制和动态发布电力需求侧管理技术推广目录推进节约用电业务开展。

一是省级电力运行主管部门制定和下达本级电网企业电力电量节约指标，通过评价与考核相结合的方式，实行年度评价、统筹考核；对电网企业当年电力、电量节约指标作出规定，不低于其售电营业区内上年最大用电负荷的0.3%、上年售电量的0.3%，电网企业可通过自行组织实施或购买服务实现。

二是强化重点领域电力需求侧管理与碳达峰行动方案衔接，统筹提升重点用能工艺设备产品效率和全链条综合能效。完善新型用电基础设施的能效管理，加强绿色设计、运维和能源计量审查，提升能源利用效率、降低能耗。

三是强化综合能源服务商、负荷聚合商等新兴经营主体培育。鼓励电力需求侧管理服务机构开展合同能源管理、综合节能、电力交易、可再生能源绿色电力证书交易等多元化能源服务，满足电力用户的差异化能源需求，助力电力用户能效提升、节电降碳。

四是普及应用节电新技术、新方式，针对工业等领域开展节电评价标准制定，健全评价机制。强化能效标杆引领，系统推进全社会综合能效全面提升。

市场化需求响应是电力需求侧管理的重要内容，也是激发需求侧资源活力的重要手段。《电力需求侧管理办法》明确推动各地培育需求侧资源，积极鼓励多元化经营主体参与需求响应，构建需求响应资源库，基于电力市场建设进展与地方实践，引导和推动需求响应与电力市场协同衔接，支撑需求响应规模化发展。主要内容如下：

一是推动培育需求侧资源。拓宽需求响应主体范围，有序引导具备响应能力的非经营性电力用户参与需求响应，积极鼓励多元化经营主体参与需求响应；形成需求响应资源清单，构建需求响应资源库；支持各类电力需求侧管理服务机构整合优化可调节负荷、分布式电源、新型储能等需求侧资源。

二是明确需求响应能力建设目标，提升需求响应能力。到2030年，要形成规模化的实时需求响应能力，结合辅助服务市场、电能量市场交易可实现电网区域内需求侧资源共享互济。

三是引导和推动需求响应与电力市场协同衔接。推动需求侧资源参与相应电能量市场、辅助服务市场等，逐步将需求响应作为电网经济运行常态化调节措施；建立和完善需求侧资源与电力运行调节的衔接机制以及与电力市场衔接的需求响应价格机制。

四是明确单位职责分工。各地电力运行主管部门负责本地区需求响应工作；各地能源监管部门根据职责开展相关市场监管工作；电网企业负责新型电力负荷管理系统建设和运营工作；省级电力负荷管理中心组织开展需求响应交易与执行，电力交易机构和电力调度机构按职责分工协同开展相关工作。

文件对有序用电的使用情况做出规范，强化电力安全底线思维，明确需求响应与有序用电的边界。优先采取需求响应等措施后，仍无法满足电力电量平衡时，再执行有序用电。着重强调要依法依规实施有序用电，并规定了电力运行主管部门和电网企业的职责：

电力运行主管部门应结合实际，按照有保有限原则，制定有序用电方案；应引导、激励电力用户优化用电方式，对积极采取电力需求侧管理措施并经评估取得明显效果的电力用户，可适度放宽其有序用电参与要求；应会同电网企业完善电力保障机制，精细化开展有序用电工作，依法依规实施有序用电。

电网企业依托新型电力负荷管理系统开展负荷精准调控；在面临重大自然灾害和突发事件时，应根据不同情形执行事故限电序位表、国家大面积停电事件应急预案和启动预案等。

第二篇 《电力负荷管理办法》

一、政策节选

节选自：第二章 需求响应（第八条至第十一条）

第八条 各地电力运行主管部门应指导各类需求响应主体与电网企业签订需求响应协议，明确各方权利、义务、争议解决、违约责任、协议终止等条款。省级电力运行主管部门委托电力负荷管理中心开展各类主体的资格审核、设备检测、能力校核、执行组织、效果评估以及电力用户合理接入系统等工作，评估结果报告省级电力运行主管部门。

第九条 需求响应执行程序一般包括响应启动、邀约确认、响应执行、过程监测、效果评估、结果公示、资金发放等环节。电力运行主管部门组织电网企业根据电力供需情况启动实施需求响应，或委托电网企业灵活组织实施。电力负荷管理中心根据各地电力运行主管部门委托通过新型电力负荷管理系统开展经营主体资格审核、响应邀约、过程监测、效果评估、信息披露等工作。

第十条 建立并完善与电力市场衔接的需求响应价格机制。根据“谁提供、谁获利，谁受益、谁承担”的原则，支持具备条件的地区，通过实施尖峰电价、拉大现货市场限价区间等手段提高经济激励水平。鼓励需求响应主体参与相应电能量市场、辅助服务市场、容量市场等，按市场规则获取经济收益。

第十一条 电力运行主管部门应推动需求响应与电力市场有序衔

接、高效协同，逐步以更多市场化方式实现需求响应。推动需求侧资源进入电力市场，参与需求响应的各类主体可根据电力市场准入要求，自主申请注册为合格经营主体，逐步将需求响应作为电网经济运行常态化调节措施。

节选自：第三章　有序用电（第二十四条至三十条）

第二十四条　有序用电方案实施期间，电网企业应在电力运行主管部门指导下加强网省间余缺调剂和相互支援。发电企业应加强设备运行维护和燃料储运，提高机组顶峰发电能力。电力用户应加强节电管理，合理安排检修计划。拥有储能设备的用户应优化充放电策略，提高顶峰放电能力。有序用电方案涉及的用户应按照调控指标，规范刚性执行。

第二十五条　电网企业应依据有序用电方案，结合实际电力供应能力和用电负荷情况，合理做好日用电平衡工作。在保证有序用电方案整体执行效果的前提下，电网企业应优化有序用电措施，在电力电量缺口缩小时及时有序释放用电负荷。

第二十六条　电力供应紧张期间，燃煤自备电厂、应急备用发电机组应严格按电力调度机构要求应开尽开、应发尽发。

第二十七条　由于极端天气或自然灾害等不可抗力因素，导致电力供应缺口超出有序用电方案调控能力时，各级电力运行主管部门应指导电网企业结合本地情况，制定扩大范围的应急方案，并报省级人民政府同意，必要时予以实施，保障居民生活和经济社会安全运行。

第二十八条　紧急状态下，电网企业应执行事故限电序位表，造成国家大面积停电事件时，应启动国家大面积停电事件应急预案和黑启动预案等。

第二十九条　除第二十七条、第二十八条情况外，在对用户实施、变更、取消有序用电措施前，电网企业应通过公告、电话、传真、短信、网络等方式履行告知义务。其中，实施有序用电应至少于前一天告知。

第三十条　有序用电方案实施期间，电网企业应开展有序用电工作，并及时报送电力运行主管部门。

节选自：第四章　系统支撑（第三十三条至三十六条）

第三十三条　本办法所称新型电力负荷管理系统，是指用于对电力用户、负荷聚合商、虚拟电厂等开展负荷信息采集、预测分析、测试、调控、服务的软硬件平台，是开展电力需求侧管理的信息技术辅助系统，是负荷管理工作的重要实施平台。

第三十四条　各级电力运行主管部门应指导电网企业统筹推进本地区新型电力负荷管理系统建设，制定负荷资源接入年度目标逐步实现10千伏（6千伏）及以上高压用户全覆盖。负荷聚合商、虚拟电厂应接入新型电力负荷管理系统，确保负荷资源的统一管理、统一调控、统一服务，电网企业为第三方经营主体提供数据支撑和技术服务。

第三十五条　各级电力负荷管理中心应定期动态开展负荷资源排查、核查和监测，并将相关情况报送电力运行主管部门。

第三十六条　各地电力运行主管部门、电网企业、电力用户应加强新型电力负荷管理系统的建设、运维及安全管理。具体包含如下内容：

（一）各地电力运行主管部门指导电网企业、电力用户签订负荷确认协议。

（二）电网企业负责制定统一建设标准，出资开展系统平台建设、负荷管理装置安装和运行维护、网络安全防护、信息与数据安全防护，指导电力用户将负荷合理接入系统。

（三）电力用户负责按自身产权范围出资开展建设工作，包括开关改造、负荷确认、接入系统等。不得将保安负荷接入新型电力负荷管理系统，不得私自迁移、更改、破坏接线，影响系统正常运行。

二、政策解读

结合全国电力负荷管理工作面临的新形势、新要求、新内涵，《电力负荷管理办法》在原《有序用电管理办法》基础上，将需求响应作为电力负荷管理的重要措施，结合全国多地需求响应具体实践，逐步将需求响应作为电网经济运行常态化调节措施，从实施执行层面进一步明确电力负荷管理中心等单位职责分工，主要内容如下：

> 一是需求响应签约。各地电力运行主管部门指导开展需求响应常态化签约工作；电力负荷管理中心受省级电力运行主管部门委托开展各类主体的资格审核、效果评估以及电力用户合理接入系统等工作，评估结果报告省级电力运行主管部门。
>
> 二是需求响应实施。电力运行主管部门组织或委托电网企业实施需求响应；电力负荷管理中心根据各地电力运行主管部门委托通过新型电力负荷管理系统开展经营主体资格审核、响应邀约、过程监测、效果评估、信息披露等工作。
>
> 三是推动需求响应与电力市场协同衔接。建立并完善与电力市场衔接的需求响应价格机制；电力运行主管部门推动需求响应与电力市场有序衔接、高效协同，逐步将需求响应作为电网经济运行常态化调节措施。

在有序用电方面，文件规定了电网企业、发电企业、电力用户的职责。明确了电网企业应依据有序用电方案，结合实际电力供应能力和用电负荷情况，合理做好日用电平衡工作，在保证有序用电方案整体执行效果的前提下，优化有序用电措施，在电力电量缺口缩小时及时有序释放用电负荷。由于极端天气或自然灾害等不可抗力因素，导致电力供应缺口超出有序用电方案调控能力时，各级电力运行主管部门应指导电网企业结合本地情况，制定扩大范围的应急方案，并报省级人民政府同意，必要时予以实施，保障居民生活和经济社会安全运行。紧急状态下，电网企业应执行事故限电序位表，启动应急预案和黑启动预案。此外，除特殊情况，在对用户实施、变更、取消有序用电措施前，电网企业应通过公告、电话、传真、短信、网络等方式履行告知义务，其中实施有序用电应至少提前一天告知。有序用电方案实施期间，电网企业应开展有序用电影响用电负荷、用电量等相关统计工作，并及时报送电力运行主管部门。

文件还规定“不得在有序用电方案中滥用限电措施，影响正常的社会生产生活秩序。不得以国家和地方节能目标责任评价考核的名义对电力用户等实施无差别的有序用电”的限制条件。

《电力负荷管理办法》规定按照“需求响应优先，有序用电保底”的原则，结合新型电力负荷管理系统建设，强化电力负荷调控管理能力。

各级电力运行主管部门应指导电网企业统筹推进本地区新型电力负荷管理系统建设，制定负荷资源接入年度目标逐步实现10千伏（6千伏）及以上高压用户全覆盖。其中，负荷聚合商、虚拟电厂应接入新型电力负荷管理系统，确保负荷资源的统一管理、统一调控、统一服务，电网企业为第三方经营主体提供数据支撑和技术服务。此外，各级电力负荷管理中心应定期动态开展负荷资源排查、核查和监测，并将相关情况报送电力运行主管部门。

文件还规定各地电力运行主管部门、电网企业、电力用户应加强新型电力负荷管理系统的建设、运维及安全管理。

一是各地电力运行主管部门指导电网企业、电力用户签订负荷确认协议；

二是电网企业负责制定统一建设标准，出资开展系统平台建设、负荷管理装置安装和运行维护、网络安全防护、信息与数据安全防护，指导电力用户将负荷合理接入系统；

三是电力用户负责按自身产权范围出资开展建设工作，包括开关改造、负荷确认、接入系统等。不得将保安负荷接入新型电力负荷管理系统，不得私自迁移、更改、破坏接线，影响系统正常运行。

第三篇　负荷管理与排查业务

一、政策一览

表1-3-1　负荷管理与排查业务相关政策一览表

序号	发文时间	发文单位	文件名称
国家层面			
1	2022年5月1日	国家发展改革委办公厅、国家能源局综合司	《关于推进新型电力负荷管理系统建设的通知》
陕西省层面			
1	2022年3月31日	陕西省发展和改革委员会	《陕西省发展和改革委员会关于开展新型电力负荷管理系统建设的通知》
2	2022年7月22日	陕西省人民政府	《陕西省人民政府关于印发碳达峰实施方案的通知》

二、政策节选与解读

★国家层面

政策一：《关于推进新型电力负荷管理系统建设的通知》

◎政策节选

节选自：建设目标

2022年迎峰度冬前，各地基本建成负荷管理系统，力争负荷控制能力达到本地区最大负荷的5%，其中夏季供需形势紧张的地区尽量在迎峰度夏前建成。2025年，系统负荷控制能力达到本地区最大负荷的20%以上，负荷监测能力达到本地区最大负荷的70%以上。工作基础较好的地区可因地制宜加快建设进度。

建设负荷管理系统，有利于用电管控精准实施到位，服务电力安全保供；有利于增强用能数字化管理，提升用能服务水平；有利于增强电力供需双向互动能力，促进新能源消纳。各地统筹开展负荷管理系统建设，10千伏（6千伏）及以上高压电力用户全部纳入负荷管理范围。新装用电的用户负荷接入应与用户受电工程同步设计、同步施工、同步验收和同步投运。存量用户负荷分期分批接入负荷管理系统，原则上按照各地电力缺口预警等级安排有序用电用户优先接入。

◎政策解读

负荷管理系统在电力资源管理中扮演着重要的角色，它实现了负荷资源的统一管理、统一调控和统一服务，可以在电力安全保供的要求下实现负荷精准控制和用户的常态化、精细化用能管理。文件明确了2022年迎峰度冬前和2025年的建设目标，工作基础较好的地区可因地制宜加快建设进度。

通过建设负荷管理系统，可以有效地提高用电管控的精准度，更好地服务电力安全保供，也有利于强化用能的数字化管理，提升用能服务水平。此外，负荷管理系统的建设有利于增强电力供需的双向互动能力，促进新能源的消纳。在建设负荷管理系统的过程中，各地需要统筹开展工作，将10千伏（6千伏）及以上高压电力用户全部纳入负荷管理范围。新装用电的用户负荷接入应与用户受电工程同步设计、同步施工、同步验收和同步投运；存量用户负荷分期分批接入负荷管理系统，原则上按照各地电力缺口预警等级安排有序用电用户优先接入。

★陕西省层面

政策一：《陕西省发展和改革委员会关于开展新型电力负荷管理系统建设的通知》

◎政策节选

节选自：第三节　重点任务

△明确工作职责。各地市电力运行主管部门牵头，加强对电网企业和电力用户的指导和协调。电网企业加强与电力用户沟通衔接，负责系统平台建设、现场施工和运行维护，指导用户将负荷合理接入系统，依法依规开展电力需求侧管理工作。电力用户按自身产权范围开展建设工作，包括开关改造、负荷确认、接入系统等，确保保安负荷不接入负荷管理系统。

△加强运营管理。各地市电力运行主管部门指导供电公司和电力用户签订“负荷控制终端管理协议”，明确双方职责和权益。供电公司常态进行可中断能力状态监测，周期性开展可中断能力巡视，确保可中断能力可监、可测、可控。电力用户不得随意转移负荷或拆除跳闸回路，对擅自破坏负控终端使其失效的严格按有关规定进行处理。

△强化功能应用。当电网发生紧急状况且企业有序用电执行不到位等情况时，电网公司可按有关规定通过专变采集终端负荷控制功能切除企业可中断负荷，保障电力有序供应和民生及重要客户用电。

◎政策解读

国家电网作为电力供应的核心力量，将与各地市电力运行主管部门紧密合作，确保电网企业和电力用户之间的顺畅沟通与协作。电网企业承担起系统平台建设的重任，确保现场施工和运行维护的顺利进行，同时指导电力用户将负荷合理接入系统，并依法依规进行电力需求侧管理。此外，电力用户也需按照自身产权范围进行建设，如开关改造、负荷确认和接入系统等，确保保安负荷不被误接入负荷管理系统，从而保障整个电网的稳定运行。

加强运营管理是国家电网的重要任务之一。各地市电力运行主管部门指导供电公司和电力用户签订“负荷控制终端管理协议”，明确双方职责和权益。供电公司常态进行可中断能力状态监测，周期性开展巡视，确保电网的可中断能力处于可监、可测、可控的状态。同时严格要求电力用户不得随意转移负荷或拆除跳闸回路，对任何擅自破坏负控终端使其失效的行为，将依据有关规定进行严肃处理，以维护电网的安全和稳定运行。

强化功能应用是国家电网在应对电网紧急状况时的重要措施。当电网发生紧急状况且企业有序用电执行不到位时，依据相关规定，通过专变采集终端的负荷控制功能，迅速切除企业的可中断负荷，以保障电力有序供应和民生及重要客户的用电需求。这一措施的实施，将有效缓解电网压力，确保电网的稳定运行，同时最大限度地减少对社会和经济的影响。

政策二：《陕西省人民政府关于印发碳达峰实施方案的通知》

◎政策节选

加快建设新型电力系统。优化完善电力基础设施，围绕负荷中心、新能源开发重点地区、新增电力外送通道起点，构建清晰合理的主网架结构。完善750千伏电网，形成“三纵—双环网—两延伸”主网架结构，增强陕北向关中、陕南送电能力。鼓励建设以消纳新能源为主的局域网、微电网、增量配电网，构建“源网荷储”协同消纳体系。建设智能化电力调度运行体系，加快电力调峰、调频和调压等能力建设，提高电力系统安全稳定运行水平和效率。深化电力体制改革，研究制定推动“源网荷储”一体化发展的政策措施，探索储能系统与机组联合或作为独立主体参与电力辅助服务交易。

◎政策解读

国网陕西公司将积极推动新型电力系统的建设，以适应新能源的发展和满足电力保供的需求。将围绕负荷中心、新能源开发重点地区和新增电力外送通道起点，构建清晰合理的主网架结构，以增强电网的输电能力和稳定性。通过建设和完善750千伏电网，形成“三纵—双环网—两延伸”的主网架结构，以增强陕北向关中、陕南送电的能力。通过构建“源网荷储”协同消纳体系，促进新能源的消纳和电力资源的优化配置。加快建设新型电力系统，优化完善电力基础设施，鼓励建设以消纳新能源为主的局域网、微电网、增量配电网，建设智能化电力调度运行体系，深化电力体制改革等措施，以适应新能源的发展和满足电力保供的需求。

第四篇　需求响应业务

一、政策一览

表1-4-1　需求响应业务相关政策一览表

序号	发文时间	发文单位	文件名称
国家层面			
1	2022年1月3日	国家发展改革委、国家能源局	《关于完善能源绿色低碳转型体制机制和政策措施的意见》
2	2022年3月17日	国家能源局	《2022年能源工作指导意见》
陕西省层面			
1	2021年5月21日	陕西省发展和改革委员会	《2021年陕西省电力需求响应工作方案》
2	2022年5月24日	陕西省发展和改革委员会	《2022年陕西省电力需求响应工作方案》
3	2023年8月23日	陕西省发展和改革委员会	《2023年陕西省电力需求响应工作方案》

二、政策节选与解读

★国家层面

政策一：《关于完善能源绿色低碳转型体制机制和政策措施的意见》

◎政策节选

节选自：第五节　完善新型电力系统建设和运行机制

△完善电力需求响应机制。推动电力需求响应市场化建设，推动将需求侧可调节资源纳入电力电量平衡，发挥需求侧资源削峰填谷、促进电力供需平衡和适应新能源电力运行的作用。拓宽电力需求响应实施范围，

通过多种方式挖掘各类需求侧资源并组织其参与需求响应，支持用户侧储能、电动汽车充电设施、分布式发电等用户侧可调节资源，以及负荷聚合商、虚拟电厂运营商、综合能源服务商等参与电力市场交易和系统运行调节。明确用户侧储能安全发展的标准要求，加强安全监管。加快推进需求响应市场化建设，探索建立以市场为主的需求响应补偿机制。全面调查评价需求响应资源并建立分级分类清单，形成动态的需求响应资源库。

◎政策解读

《关于完善能源绿色低碳转型体制机制和政策措施的意见》作为碳达峰碳中和“1+N”政策体系的重要保障方案之一，将与能源领域碳达峰系列政策协同实施，形成政策合力，成体系地推进能源绿色低碳转型，作为能源领域推进碳达峰、碳中和工作的综合性政策文件，从体制机制改革创新和政策保障的角度对能源绿色低碳发展进行系统谋划。

文件明确要完善电力需求响应机制，一是推动电力需求响应市场化建设，推动将需求侧可调节资源纳入电力电量平衡，并探索建立以市场为主的需求响应补偿机制；二是拓宽电力需求响应实施范围，通过多种方式挖掘各类需求侧资源并组织其参与需求响应，支持用户侧储能、电动汽车充电设施、分布式发电等用户侧可调节资源等参与电力市场交易和系统运行调节；三是明确用户侧储能安全发展的标准要求，加强安全监管；四是全面调查评价需求响应资源并建立分级分类清单，形成动态的需求响应资源库。

政策二：《2022年能源工作指导意见》

◎政策节选

节选自：第四节　增强能源供应链弹性和韧性

提升能源需求侧响应能力。健全分时电价、峰谷电价，支持用户侧储能多元化发展，充分挖掘需求侧潜力，引导电力用户参与虚拟电厂、移峰填谷、需求响应。进一步优化有序用电及天然气“压非保民”的管理措施，加强可中断负荷管理，梳理业务流程及标准，精准实施用能管理。优化完善电网主网架，在关键节点布局电网侧储能，提升省间电力互补互济水平，鼓励用户投资建设以消纳新能源为主的智能微电网。统筹兼顾和综合利用源网荷储各类主体的调节能力，规划建设一批源网荷储一体化和多能互补项目。

◎政策解读

《2022年能源工作指导意见》新增“增强能源供应链弹性和韧性”的提法，明确要提升需求侧响应能力，健全分时电价、峰谷电价，支持用户侧储能多元化发展，充分挖掘需求侧潜力，引导电力用户参与虚拟电厂、移峰填谷、需求响应。加强可中断负荷管理，梳理业务流程及标准，精准实施用能管理。优化完善电网主网架，鼓励用户投资建设以消纳新能源为主的智能微电网。统筹兼顾和综合利用源网荷储各类主体的调节能力，规划建设一批源网荷储一体化和多能互补项目。

分析建议：持续推进新型负荷管理系统建设工作，深入研究客户侧灵活资源可调节潜力，制定电力用户需求侧响应实施细则，稳步推进需求响应市场激励机制建设。

★陕西省层面

政策一：《2021年陕西省电力需求响应工作方案》

◎政策节选

节选自：第三节　实施方式

2021年电力需求响应实施方式：电力用户或负荷聚合商与国网陕西省电力公司签订合作协议，可委托国网陕西省电力公司代为在陕西省电力需求侧管理平台（需求响应平台）申报后即可成为需求响应市场主体。在预测整体或局部电网供需失衡时，由国网陕西省电力公司通过陕西省电力需求管理平台组织符合申报条件的电力用户及负荷聚合商参加需求响应。

◎政策解读

2021年预计陕西电网迎峰度夏期间最大负荷2950万千瓦，最大发电出力2900万千瓦；迎峰度冬期间最大负荷3050万千瓦，最大发电出力2860万千瓦。在不考虑跨省外送，预留100万千瓦事故备用的情况下，夏季高峰时段电力缺口150万千瓦，冬季高峰时段电力缺口290万千瓦，电力保障形势较为严峻。

2021年电力需求响应实施方式：电力用户或负荷聚合商与国网陕西省电力公司签订合作协议，可委托国网陕西省电力公司代为在陕西省电力需求侧管理平台（需求响应平台）申报后即可成为需求响应市场主体。在预测整体或局部电网供需失衡时，由国网陕西省电力公司通过陕西省电力需求管理平台组织符合申报条件的电力用户及负荷聚合商参加需求响应。

政策二：《2022年陕西省电力需求响应工作方案》

◎政策节选

节选自：第四节　实施流程

◇启动响应

▲原则上具备以下条件时启动需求响应：

△预测电网备用容量不足或局部供电能力不足。

△出现其他不确定性因素造成的电力供应缺口。

当满足需求响应启动条件时，国网陕西省电力有限公司预测电网负荷缺口，并向省发展改革委申请启动需求响应，同意后方可启动。

▲经济型需求响应

国网陕西省电力有限公司于响应日前一日通过平台公告、电话、短信等途径向需求响应实施范围内的已签约电力用户、负荷聚合商发出响应邀约，邀约信息包含需求响应实施范围、响应规模、响应时段、邀约反馈截止时间等。电力用户、负荷聚合商在收到邀约后，在约定时间内通过陕西省电力需求侧管理平台确定参与响应量，逾期未反馈的视为不参与。国网陕西省电力有限公司在邀约反馈截止时间后2小时内统计完成市场主体参与响应负荷规模。

若确认参与需求响应的负荷总量大于实际需求的150%，则按等比例压降原则对确认参与的负荷响应量进行压降，并向市场主体发出响应确认信息，包含响应时段、用户需求响应确认量等。

若确认参与需求响应的负荷量达不到调控指标，国网陕西省电力有限公司须将情况立即报送至省发展和改革委员会，省发展和改革委员会根据实际情况判定是否启动有序用电方案。有序用电方案启动后，已确定参加需求响应的用户，优先执行需求响应，并享受资金补贴。

▲紧急型需求响应

当电网因突发状况出现日内紧急电力供需不平衡时，国网陕西省电力有限公司提前4个小时通过平台公告、电话、短信等途径向具备紧急型需求响应能力的电力用户、负荷聚合商发布紧急型需求响应实施范围、响应规模、响应时段等信息。电力用户通过陕西省电力需求侧管理平台申报响应容量，国网陕西省电力有限公司按照“时间优先，容量优先”的原则进行排序直至达到需求量的150%，并于响应执行2个小时前向参与用户反馈响应确认信息，包括响应时段、用户需求响应确认量等。

◇响应执行与中止

参与需求响应的市场主体按照约定在执行日的响应时段自行调整用电负荷完成响应。国网陕西省电力有限公司可根据电网实际运行情况提出中止需求响应执行申请，应至少于原定响应时段开始1小时前向市场主体送达取消执行指令，否则默认执行。

国网陕西省电力有限公司在需求响应结束后发出响应解除通知，参与需求响应的市场主体在收到响应解除通知后自行复电。

◎政策解读

文中明确指出，当预测电网备用容量不足或局部供电能力不足，或出现其他不确定性因素造成的电力供应缺口时，需求响应机制将被启动。这为电网公司提供了应对电力供需不平衡的预警和决策依据。

经济型需求响应：当满足经济型需求响应的条件时，国网陕西省电力有限公司会通过多种途径向已签约的电力用户和负荷聚合商发出邀约。用户在收到邀约后需在规定时间内反馈参与响应量。如果确认参与的负荷总量超过实际需求的150%，则会对响应量进行压降。如果负荷量达不到调控指标，会启动有序用电方案，确保电力资源的合理配置。

紧急型需求响应：当电网因突发状况出现日内紧急电力供需不平衡时，国网陕西省电力有限公司会迅速通过多种途径向具备紧急响应能力的用户发布相关信息，并根据“时间优先，容量优先”的原则进行排序。这确保了在紧急情况下，电力资源能够迅速、有效地得到重新分配。

响应执行与中止：参与需求响应的市场主体需在约定时间自行调整用电负荷完成响应。电网公司可根据实际情况提出中止申请，但需提前通知市场主体。在需求响应结束后，会发出响应解除通知，用户收到通知后可自行复电。

政策三：《2023年陕西省电力需求响应工作方案》

◎政策节选

节选自：第四节 实施流程

◇响应实施

▲经济型需求响应

经济型需求响应按照集中报价、分次报量、按次出清的原则组织实施。居民用户不参与竞价。在迎峰度夏和度冬前，省电力负荷管理中心组织签约用户，通过陕西省电力需求侧管理平台，申报参与本年度迎峰度夏和度冬的需求响应价格，未及时反馈视为放弃参与资格。申报响应价格不高于本方案规定需求响应补贴限额。

国网陕西省电力有限公司根据电力供需缺口情况向省发展和改革委员会提出经济型需求响应启动申请，经同意后，省电力负荷管理中心于响应日前一日通过平台公告、电话、短信等途径向需求响应实施范围内已申报响应价格的电力用户、负荷聚合商发出响应邀约，邀约信息包含需求响应实施范围、响应规模、响应时段、邀约反馈截止时间等。电力用户、负荷聚合商收到邀约后，在约定时间内通过陕西省电力需求侧管理平台申报参与响应量，未反馈视为放弃参与资格。申报响应量不高于签约响应量。

陕西省电力需求侧管理平台采用“价格优先、容量优先”原则按照报价由低到高依次调用，相同报价按照申报响应量由大到小依次调用，直至满足需求量的150%，成交响应量最后1千瓦的申报价格即为市场统一出清价格。

省电力负荷管理中心在邀约反馈截止时间后通过陕西省电力需求侧管理平台发布需求响应出清结果，并向中标市场主体发出响应确认信息，包含响应时段、用户需求响应确认量、出清价格等。

若确认参与需求响应的负荷量达不到调控指标，国网陕西省电力有限公司将情况立即报送至省发展和改革委员会，省发展和改革委员会根据实际情况判定是否启动有序用电方案。有序用电方案启动后，已确定参加需求响应的电力用户、负荷聚合商优先执行需求响应，按照本方案需求响应补贴限额享受补贴。

▲紧急型需求响应

在负荷管理措施执行期内，当电网因突发状况出现日内紧急电力供需不平衡时，省电力负荷管理中心提前2个小时通过平台公告、电话、短信等途径向需求响应实施范围内的已签约电力用户、负荷聚合商发出紧急型需求响应执行通知，在响应时段通过新型电力负荷管理系统完成指令发送、响应量确认和执行负荷下降，或由用户通过自有能源管理系统自行开展负荷调控。

◎政策解读

为构建清洁低碳安全高效的能源体系及以新能源为主体的新型电力系统，进一步发挥需求响应在保障电力系统安全运行和可靠供应的作用，陕西省全面组织开展2023年陕西省电力需求响应工作，推动源网荷储友好协同互动。

文件明确响应实施分为经济型需求响应和紧急型需求响应。其中，经济型需求响应按照集中报价、分次报量、按次出清的原则组织实施。国网陕西省电力有限公司根据电力供需缺口情况提出经济型需求响应启动申请，经同意后省电力负荷管理中心向已申报响应价格的电力用户、负荷聚合商发出响应邀约，收到邀约的用户和负荷聚合商申报参与响应量，陕西省电力需求侧管理平台采用“价格优先、容量优先”原则按照报价由低到高依次调用，直至满足需求量的150%，成交响应量最后1千瓦的申报价格为市场统一出清价格。省电力负荷管理中心发布需求响应出清结果，并向中标市场主体发出响应确认信息等流程实施。若确认参与需求响应的负荷量达不到调控指标，根据实际情况判定是否启动有序用电方案。

紧急型需求响应实施情况为在负荷管理措施执行期内，当电网因突发状况出现日内紧急电力供需不平衡时，省电力负荷管理中心提前2个小时向需求响应实施范围内的已签约电力用户、负荷聚合商发出紧急型需求响应执行通知，在响应时段通过新型电力负荷管理系统完成指令发送、响应量确认和执行负荷下降，或由用户通过自有能源管理系统自行开展负荷调控。

政策变化对比分析

陕西省2022年需求响应方案与2023年需求响应方案细节调整对比情况如下：

△可调节负荷资源池持续扩大

2022年方案：逐步形成陕西电网日前削峰响应能力不低于300万千瓦（力争达到350万千瓦）的可调节负荷资源池。

2023年方案：形成陕西电网日前削峰响应能力不低于400万千瓦（占最大负荷10%）的可调节负荷资源池。

这一目标相较于前一年方案，有明显的提升，不仅要求资源池规模的扩大，还对削峰响应能力提出更高的要求。反映出陕西负荷管理中心对于电网稳定性和可再生能源消纳需求的日益增长。对于陕西负荷管理中心来说，需要加强与各方的合作，提升技术和管理水平，以应对日益增长的电力需求和可再生能源的接入。同时，需要加大对用户侧的宣传和培训力度，提升用户对需求响应的认知和参与度。

△响应资源类型更加宽泛

2022年方案：大工业用户、电能替代用户、储能（热）用户、充电桩、工业等用户可调节负荷资源。

2023年方案：在原来的基础上鼓励完成空调负荷调控改造并接入新型电力负荷管理系统的用户优先参与需求响应。鼓励居民用户以节约用电的方式，通过网上国网APP申报参与需求响应，居民用户参与需求响应无最低响应能力要求。

2023年方案扩大可调节负荷资源的范围，特别是针对已进行空调负荷调控改造的用户和居民用户。有助于更全面地整合各种可用的电力资源，提高整体的响应能力。由于涉及更多的用户类型和更广泛的资源，陕西负荷管理中心需要进一步提升技术和管理水平，确保不同类型用户的需求得到有效满足和整合。

△负荷聚合商管理更加精细化

2023年方案：在原方案的基础上要求负荷聚合商必须通过省电力负荷管理中心对负荷管理装置、能源管理系统以及参与响应设备运行状况进行检查。

△经济型需求响应

采取“集中报价、分次报量、按次出清”的原则组织实施，居民用户不参与竞价。

2022年方案：响应日前一日通过平台公告、电话、短信等途径向需求响应实施范围内的已签约电力用户、负荷聚合商发响应邀约。

2023年方案：在迎峰度夏和度冬前，省电力负荷管理中心组织签约用户，通过陕西省电力需求侧管理平台，申报参与本年度迎峰度夏和度冬的需求响应价格，申报响应价格不高于本方案规定需求响应补贴限额。

陕西省电力需求侧管理平台采用“价格优先、容量优先”原则按照报价由低到高依次调用，相同报价按照申报响应量由大到小依次调用，直至满足需求量的150%，成交响应量最后1千瓦的申报价格即为市场统一出清价格。通过价格申报机制，可以更好地激励用户参与需求响应，并确保其获得合理的收益。

2023年方案引入价格申报和市场出清机制，使得需求响应更加市场化。有助于更好地利用和调动资源，同时也要求陕西负荷管理中心有更精细的管理和协调能力。引入市场机制后，需要相应的技术支持和平台维护，确保整个流程的顺畅进行。同时，要加强与用户的沟通，确保其理解并接受这种新的运作方式。随着市场机制的引入，陕西负荷管理中心可进一步与负荷聚合商、用户等进行更深入的合作，共同推进需求响应的实施和市场的健康发展。

△紧急型需求响应实施更加快速、数字化

2022年方案：提前4个小时发出紧急型需求响应执行通知，2个小时内用户反馈响应确认信息。

2023年方案：提前2个小时发出紧急型需求响应执行通知，通过新型电力负荷管理系统完成指令发送、响应量确认和执行负荷下降，或由用户通过自有能源管理系统自行开展负荷调控。

提前2小时的响应时间相较于提前4小时更为迅速，可以更好地应对电力短缺或突发事件。引入新型电力负荷管理系统，提高响应的自动化程度和效率。除了通过新型电力负荷管理系统外，用户还可以通过自有能源管理系统进行响应。为用户提供更多的选择和灵活性，同时也要求用户具备相应的技术和管理能力。更短的响应时间和更高的自动化程度可以提升服务质量和用户体验，增强用户对陕西负荷管理中心服务的信任和满意度。

△基线计算更加精细

2022年方案：紧急型需求响应将响应执行前的3小时作为修正窗口期计算基线。

2023年方案：紧急型需求响应选择需求响应执行前2小时的平均负荷作为基线负荷。同时增加负荷聚合商的基线负荷要求，按其聚合响应用户的电力营销户号分别计算，计算方法与电力用户基线负荷计算方法一致。

2023年方案简化计算方法，从3小时的修正窗口期缩短到2小时，对实时负荷变化的敏感度提高。对负荷聚合商的基线负荷提出明确要求，突显聚合商在需求响应中的重要角色。同时，陕西负荷管理中心与聚合商的关系将更为紧密和正式。陕西负荷管理中心需要与各方利益相关者进行沟通和协调，确保策略的连贯性和市场的稳定性。

△补贴标准分类更细化

2022年方案：只有经济型削峰和紧急型削峰两种响应类型，调控时间字段只有2小时、1小时两个时间段。

2023年方案：用户类别新增居民类、响应类型增加经济型填谷响应、经济型削峰调控时间由两个时间段增加为三个时间段等，同时增加了可观、可测、可控的空调负荷资源在参与紧急型需求响应时，补贴标准按照1.2倍进行核算等内容。

新方案需求响应的覆盖面扩大，提高整体响应能力。增加经济型填谷响应可以更好地应对电网在不同时段的负荷需求，提高电网的稳定性。对经济型削峰的调控时间字段进行细化，可以更精确地匹配不同时段的负荷需求，提高响应的准确性和效果。用户类别和响应类型的增加，需要更精细的技术支持和更完善的管理体系来确保不同类型用户的响应能够准确、有效地实施。

△补贴核算与发放时效性增强

2022年方案：在执行结束后，汇总全年需求响应执行结果，于次年4月底报送备案，并于次月以电费退补形式完成补贴发放。

2023年方案：在需求响应执行结束后，7个工作日内完成效果测算，10个工作日内将《电力需求响应电费补贴情况告知书》以书面形式送达各市场主体，明确初步补偿金额，次月以电费退补形式完成补贴发放。

2023年方案在效果测算和补贴发放的时间安排上更为紧凑，有助于更快地完成补贴发放，提高整体响应效率。通过书面形式送达《电力需求响应电费补贴情况告知书》，明确初步补偿金额，提高补贴发放的透明度和准确性，有助于减少误解和纠纷。更快的响应速度和透明度能提高用户的满意度和忠诚度，从而进一步增强陕西负荷管理中心的市场地位和影响力。

第五篇　有序用电业务

一、政策一览

表1-5-1　有序用电业务相关政策一览表

序号	发文时间	发文单位	文件名称
国家层面			
1	2011年4月21日	国家发展改革委	《有序用电管理办法》
陕西省层面			
1	2021年11月12日	陕西省发展和改革委员会	《陕西省2021年迎峰度冬有序用电方案》
2	2021年11月26日	陕西省发展和改革委员会	《今冬明春保障人民群众温暖过冬若干措施》

二、政策节选与解读

★国家层面

政策一：《有序用电管理办法》

◎政策节选

节选自：第四章　方案实施（第二十条至二十六条）

第二十条　各省级电力运行主管部门应根据电力供需情况，及时启动有序用电方案，并报告本级人民政府、国家发展和改革委员会。

第二十一条　有序用电方案实施期间，电网企业应在电力运行主管部门指导下加强网省间余缺调剂和相互支援。发电企业应加强设备运行维护和燃料储运。电力用户应加强节电管理，有序用电方案涉及的用户应按要求采取相应措施。

第二十二条　电网企业应依据有序用电方案，结合实际电力供应能力和用电负荷情况，合理做好日用电平衡工作。

第二十三条　在保证有序用电方案整体执行效果的前提下，电网企业应优化有序用电措施，在电力电量缺口缩小时及时有序释放用电负荷，尽量满足用户合理需求，减少限电损失。

第二十四条　紧急状态下，电网企业应执行事故限电序位表、处置电网大面积停电事件应急预案和黑启动预案等。

第二十五条　除第二十四条情况外，在对用户实施、变更、取消有序用电措施前，电网企业应通过公告、电话、传真、短信等方式履行告知义务。

第二十六条　有序用电方案实施期间，电网企业应开展有序用电影响用电负荷、用电量等相关统计工作，并及时报电力运行主管部门。

◎政策解读

为贯彻落实国务院要求，加强电力需求侧管理，做好有序用电工作，国家发展改革委出台《有序用电管理办法》。一是强化政策引领，明确在电力供应不足、突发事件等情况下，政府部门、电网企业、电力用户保障电力供需平衡的责任分工，以及优先保障居民生活和公共设施用电原则；二是健全工作体系，形成了全国、省、市多级联动，政府主导、电网实施、用户配合的科学管理体系，建立了备案、摸查、宣传、演练、实施的完整工作机制；三是科学精准实施，电力迎峰度夏期间，通过有序用电转移高峰负荷最大达到1600万千瓦，切实保障了电力供需平衡和社会稳定。

方案实施方面，各省级电力运行主管部门应根据电力供需情况，及时启动有序用电方案。电网企业应在电力运行主管部门指导下加强网省间余缺调剂和相互支援；依据有序用电方案，结合实际电力供应能力和用电负荷情况，合理做好日用电平衡工作；在保证有序用电方案整体执行效果的前提下，优化有序用电措施，在电力电量缺口缩小时及时有序释放用电负荷，尽量满足用户合理需求，减少限电损失；紧急状态下，执行事故限电序位表、处置电网大面积停电事件应急预案和黑启动预案等。发电企业应加强设备运行维护和燃料储运。电力用户应加强节电管理，有序用电方案涉及的用户应按要求采取相应措施。

★陕西省层面

政策一：《陕西省2021年迎峰度冬有序用电方案》

◎政策节选

节选自：第四节　方案启动

省级电力运行主管部门根据电力供需平衡情况，及时发布预警信息，适时启动有序用电方案，由电网企业提前通知相关电力用户实施有序用电措施，监督有序用电方案执行情况。遇到以下情形时，应启动有序用电方案：

▲因用电负荷增加或电力供应不足，全网或局部电网将在一段时期内出现电力缺口。

▲因突发事件造成电力供应不足，且短时间内无法恢复正常供电能力。

市、县级电力运行主管部门依据上级发布的预警，结合本地电力供需缺口情况，适时启动本地区有序用电方案。必要时，为维护全社会稳定和谐，可由省级电力运行主管部门、电网公司联合召开新闻发布会，向全社会通报电力供需形势及有序用电措施。

◎政策解读

文件明确了启动有序用电方案的情形，并对省级以及市、县级电力运行主管部门等应对《陕西省2021年迎峰度冬有序用电方案》启动做出了规定。

省级电力运行主管部门根据电力供需平衡情况，及时发布预警信息，适时启动有序用电方案，由电网企业提前通知相关电力用户实施有序用电措施，监督有序用电方案执行情况。市、县级电力运行主管部门依据上级发布的预警，结合本地电力供需缺口情况，适时启动本地区有序用电方案。必要时，为维护全社会稳定和谐，可由省级电力运行主管部门、电网公司联合召开新闻发布会，向全社会通报电力供需形势及有序用电措施。

政策二：《今冬明春保障人民群众温暖过冬若干措施》

◎政策节选

细化完善有序用电方案。坚持安全稳定、有保有限、注重预防原则，进一步规范有序用电方案执行流程，确保用户提前知情，加强有序用电方案演练，确保做到快速响应、足量落实。指导用户加强节约用电管理，指导涉及有序用电用户按照有序用电方案要求，足额、及时采取有序用电措施，对执行不力、擅自超限额用电的用户，可按照程序停止供电。

◎政策解读

文件明确了细化完善有序用电方案。

一是规范有序用电方案执行流程，确保用户提前知情，加强有序用电方案演练，确保做到快速响应、足量落实。

二是指导用户加强节约用电管理，指导涉及有序用电用户按照有序用电方案要求，足额、及时采取有序用电措施，对执行不力、擅自超限额用电的用户，可按照程序停止供电。

第六篇　节约用电业务

一、政策一览

表1-6-1　节约用电业务相关政策一览表

序号	发文时间	发文单位	文件名称
国家层面			
1	2021年2月20日	国家机关事务管理局	《中央和国家机关能源资源消耗定额》
2	2022年2月7日	国家机关事务管理局	《关于2022年公共机构能源资源节约和生态环境保护工作安排的通知》
3	2023年3月8日	国家发展改革委、市场监管总局	《关于进一步加强节能标准更新升级和应用实施的通知》
4	2023年11月3日	国家发展改革委	《“碳达峰十大行动”进展（二）——节能降碳增效行动取得积极进展》
陕西省层面			
1	2022年7月22日	陕西省人民政府	《陕西省碳达峰实施方案》
2	2023年2月3日	陕西省发展和改革委员会	《“两高”项目用能管理若干政策措施》
3	2023年5月31日	陕西省发展和改革委员会	《陕西省迎峰度夏度冬节约用电工作方案》

二、政策节选与解读

★国家层面

政策一：《中央和国家机关能源资源消耗定额》

◎政策节选

2021年2月20日，国家机关事务管理局发布关于印发《中央和国家机关能源资源消耗定额》的通知。文件规定了中央和国家机关能源资源消耗定额指标及等级、统计范围和计算方法。可用于中央和国家机关能源资源消耗的计算、目标管理和能源资源利用效率的评价。中央和国家机关能源资源消耗定额指标为与建筑面积相关的能耗定额指标、与用能人数相关的能耗定额指标、水耗定额指标及数据中心机房能源使用效率，每类指标等级分为约束值、基准值和引导值三级。

◎政策解读

分析建议：公共建筑是公司实施“供电服务”向“供电+能效服务”延伸拓展的重要应用场景之一，市场规模巨大。此文件对中央和国家机关能源资源消耗定额提出了明确要求，建议一是国网综能服务集团专题研究能耗定额，分析市场需求，针对公共机构制定能效提升技术方案、收益测算模型、仿真优化模型，将能耗定额在综合业务中贯彻应用。二是各省公司主动对接当地机关事务管理局，聚焦公共建筑领域综合能效提升、清洁能源服务等综合能源服务市场开拓，加大新能源、新技术、新产品推广，助力碳达峰和碳中和目标实现。

政策二：《关于2022年公共机构能源资源节约和生态环境保护工作安排的通知》

◎政策节选

节选自：第三节　全面落实节能降碳有关工作

△推进可再生能源替代。因地制宜推广利用太阳能、地热能、生物质能等能源和热泵技术，实现新增热泵供热（制冷）面积达200万平方米。持续推广新能源汽车，适度提高新能源汽车配备比例和充电基础设施

数量要求。

△实施绿色化改造。推动各地区、各部门和教科文卫体系统既有建筑实施光伏、制冷、数据中心、供暖、照明等用能系统和设施设备节能改造。组织实施中央国家机关空调系统节能改造项目、智能高效照明（二期）项目，加快推动中央国家机关食堂灶具节能和油烟净化、数据中心节能改造等在施项目建设。

△开展试点示范。推进2022年节约型机关创建工作，实现全国70%左右县级及以上党政机关建成节约型机关目标，推动中央国家机关各部门所属垂直管理、派出机构中70%左右的处级以上单位2022年6月底前建成节约型机关；组织2021年创建工作实地和书面评价，发布第二批节约型机关建成单位名单。开展绿色低碳示范，遴选150家公共机构绿色低碳示范单位。加大示范案例推广力度，发布2021—2022年度公共机构能源资源节约示范案例，“云”上开展主题征集、案例推广等活动。

◎政策解读

文件规定要全面落实节能降碳有关工作，重点内容包括：

一是推进可再生能源替代。因地制宜推广利用太阳能、地热能、生物质能等能源和热泵技术，实现新增热泵供热（制冷）面积达200万平方米，持续推广新能源汽车，适度提高新能源汽车配备比例和充电基础设施数量要求。

二是实施绿色化改造。加大既有建筑绿色化改造实施力度。组织实施中央国家机关空调系统节能改造项目、智能高效照明（二期）项目，加快推动中央国家机关数据中心节能改造等在施项目建设。

三是开展试点示范。推进2022年节约型机关创建工作，实现全国70%左右县级及以上党政机关建成节约型机关目标；开展绿色低碳示范，遴选150家公共机构绿色低碳示范单位。加大示范案例推广力度，发布2021—2022年度公共机构能源资源节约示范案例，“云”上开展主题征集、案例推广等活动。

分析建议：《关于2022年公共机构能源资源节约和生态环境保护工作安排的通知》明确了2022年公共机构全面落实节能降碳的重点工作。建议各省公司一是主动对接当地机关事务管理局，深入调研省内公共机构清洁能源替代及绿色化改造需求，因地制宜推广热泵供热（制冷）、全电厨房等电能替代解决方案及分布式光伏项目；二是进一步开拓公共机构节能改造和综合能效/碳效服务市场，打造一批优质示范项目，助力公共机构申请绿色低碳示范单位。

政策三：《关于进一步加强节能标准更新升级和应用实施的通知》

◎政策节选

节选自：第二节　加快推进节能标准更新升级

△加快制定修订一批重点领域节能标准。组织实施“十四五”百项节能降碳标准提升行动。在工业领域，加快修订石化、化工、钢铁、有色金属、建材、机械等行业强制性能耗限额标准，提升电机、风机、泵、压缩机、电焊机、工业锅炉等重点用能产品设备强制性能效标准，努力实现标准指标国际先进。在能源领域，加快煤炭清洁高效利用、新能源和可再生能源利用、石油天然气储运、管道运输、输配电等关键设备的相关节能技术标准研制。在城乡建设领域，制定修订建筑节能、绿色建筑、绿色建造、农村居住建筑节能等标准，完善建筑与市政基础设施节能相关产品标

准。在交通运输领域，完善交通基础设施和运输装备节能降碳设计、建设、运营、监控、评价等标准。在公共机构领域，加快制定修订节约型机关、绿色学校、绿色医院、绿色场馆等评价标准。在农业农村领域，加快研究制定种植业、养殖业生产过程节能降碳技术标准，完善设施农业、农业机械等节能降碳标准。

◎政策解读

国家发展改革委、市场监管总局印发《关于进一步加强节能标准更新升级和应用实施的通知》，旨在持续推进节能标准更新升级和应用实施，支撑重点领域和行业节能降碳改造，加快节能降碳先进技术研发和推广应用，坚决遏制高耗能、高排放、低水平项目盲目发展。

《关于进一步加强节能标准更新升级和应用实施的通知》明确要加快推进节能标准更新升级，主要是加快制定修订一批重点领域节能标准、稳步提升重点用能行业能耗限额要求、持续提高重点用能产品设备能效水平、不断扩大节能标准覆盖范围。在加快制定修订一批重点领域节能标准方面，工业领域要加快修订石化、化工、钢铁、有色金属、建材、机械等行业强制性能耗限额标准，提升重点用能产品设备强制性能效标准，努力实现标准指标国际先进；能源领域要加快煤炭清洁高效利用、新能源和可再生能源利用输配电关键设备相关节能技术标准研制；城乡建设领域要制定修订建筑节能、绿色建筑等标准，完善建筑与市政基础设施节能相关产品标准；交通运输领域要完善交通基础设施等标准；公共机构领域要加快制定修订节约型机关、绿色学校等评价标准；农业农村领域要加快研究制定种植业、养殖业生产过程节能降碳技术标准，完善设施农业、农业机械等节能降碳标准。

分析建议：建议各省公司充分利用好该支持政策，积极推进工业、建筑、交通等主要领域及重点行业的节能降碳改造工作，在加大技术研发的同时，依托综合能源服务集团、智慧车联网公司等产业单位力量，加快推广应用节能降碳先进技术，实现成果落地。

政策四：《“碳达峰十大行动”进展（二）——节能降碳增效行动取得积极进展》

◎政策节选

节选自：第二节　优化完善能耗调控政策，保障高质量发展用能需求

一是完善能耗总量指标形成方式。增强能源消费总量管理弹性，由地方根据本地区经济增速目标和能耗强度下降基本目标确定年度能耗总量目标，并可结合实际经济增速进行相应调整。

二是新增可再生能源和原料用能不纳入能源消费总量控制。落实中央经济工作会议精神，发展改革委联合国家统计局等部门印发进一步做好新增可再生能源和原料用能不纳入能源消费总量控制的工作通知，明确具体操作办法。

三是有序实施国家重大项目能耗单列。发展改革委会同有关部门研究提出实施能耗单列的项目清单，有力保障国家布局重大项目合理用能需求。

四是优化完善节能目标责任评价考核方式。统筹经济社会发展和节能降碳，在“十四五”规划期内统筹开展地方节能目标责任评价考核，实行“年度评价、中期评估、五年考核”。

◎政策解读

首先，完善能耗总量指标形成方式，意味着电网在规划和调度过程中将更加注重灵活性和前瞻性。电网将结合地方经济增长目标和能耗强度下降的基本要求，制定年度能耗总量目标，并根据实际经济增长速度进行

适时调整，以确保电网的稳定运行与能源的高效利用。

其次，新增可再生能源和原料用能不纳入能源消费总量控制，是国家推动绿色能源发展的重要举措。对于国家电网而言，这意味着在电网规划中需要更加重视可再生能源的接入和消纳，推动清洁能源的广泛应用。同时，这也要求电网加强技术创新，提升对可再生能源的调度能力和稳定性，确保电网的平稳运行。

再次，有序实施国家重大项目能耗单列，是国家为了保障国家战略布局重大项目合理用能需求而采取的措施。电网作为国家能源传输和调度的核心基础设施，将承担保障这些重大项目用能需求的重要责任。电网需要加强与项目方的沟通协调，提前制定电力供应保障方案，确保项目用电需求得到满足。

最后，优化完善节能目标责任评价考核方式，将推动电网在节能降碳方面发挥更大作用。电网需要统筹考虑经济社会发展需求和节能降碳目标，制定科学合理的节能目标责任评价考核体系。通过加强节能目标的监测、评估和考核，推动电网在能源传输和调度过程中更加注重节能降碳，提高能源利用效率。

★陕西省层面

政策一：《陕西省碳达峰实施方案》

◎政策节选

三是推动工业体系碳达峰和绿色转型。聚焦煤电、煤化工、石油化工、钢铁、有色、建材等主要碳排放产业绿色低碳发展。加强电力需求侧管理，提升工业电气化水平。强化信息化在工业领域的降碳增效作用，建设一批绿色化园区、智能化工厂、数字化车间。坚决遏制高耗能、高排放、低水平项目盲目发展。强化建设项目用能、用水、用地等资源强度管理。

四是深入推进建筑园区低碳发展。加快优化建筑用能结构，提高建筑终端电气化水平，推动集光伏发电、储能、直流配电、柔性用电于一体的“光储直柔”建筑试点示范。支持建设集中供气供热、余压余热利用、能量梯级利用、水资源循环利用、废气废液废渣资源化利用等一批重点项目。

◎政策解读

《陕西省碳达峰实施方案》提出，调整优化全省产业结构和能源结构，提升重点行业能源利用效率，加快构建新型电力系统，加强绿色低碳技术研发和推广应用。明确要推动工业体系碳达峰和绿色转型，聚焦煤电、煤化工、石油化工、钢铁、有色、建材等主要碳排放产业绿色低碳发展，加强电力需求侧管理，提升工业电气化水平。强化信息化在工业领域的降碳增效作用，建设一批绿色化园区、智能化工厂、数字化车间。坚决遏制高耗能、高排放、低水平项目盲目发展。强化建设项目用能、用水、用地等资源强度管理。同时要深入推进建筑园区低碳发展，加快优化建筑用能结构，提高建筑终端电气化水平，推动集光伏发电、储能、直流配电、柔性用电于一体的“光储直柔”建筑试点示范。支持建设集中供气供热、余压余热利用、能量梯级利用、水资源循环利用、废气废液废渣资源化利用等一批重点项目。

分析建议：陕西公司一是聚焦主要碳排放产业，加强电力需求侧管理，提升工业电气化水平；二是依托“供电+能效服务”，在公共建筑、园区等领域推广可再生能源建筑应用和节能降碳改造，开展“光储直柔”建筑试点示范建设；三是联合南瑞集团、中国电科院等产业科研单位强化清洁能源消纳、新型储能应用、源网荷储协同互动等方面的科技创新，为陕西省顺利实现碳达峰目标提供技术支撑。

政策二：《“两高”项目用能管理若干政策措施》

◎政策节选

二是实现能耗双控向碳排放总量和强度双控转变。坚持“存量腾空间、增量优空间”，严格新建、改扩建“两高”项目准入门槛，创造条件实现能耗双控向碳排放总量和强度双控转变。

能耗强度方面：新上项目单位产品能耗须达到国内行业先进水平，单位工业增加值能耗低于全省同行业平均水平20%左右。

总量控制方面：“十四五”期间建成投产对完成能耗强度降低目标有较大影响的设计能耗5万吨标准煤以上的“两高”项目和设计能耗10万吨标准煤以上的非“两高”项目，原则上市县及项目单位分别提供40%、20%的替代能耗指标；原则上新建项目到2025年消费可再生能源电力须占总消耗电力的30%左右；产能过剩行业项目能耗需“等量或减量”置换；单位工业增加值能耗达到或低于全省“十四五”单位GDP能耗下降目标0.45吨标准煤的项目，无需提供能耗替代指标；有利于推动碳达峰碳中和的项目、循环经济项目、使用首台套试验示范装置的项目，原则上由省、市配置全部能耗指标；“十五五”期间投产的“两高”项目，需提供碳排放解决方案。

◎政策解读

为贯彻落实中央关于遏制“两高”项目盲目发展决策部署，积极推进碳达峰、碳中和工作，统筹处理好发展和减排关系，陕西省发展和改革委员会印发《“两高”项目用能管理若干政策措施》，要求新建、改扩建“两高”项目，按照中央和各省布局对标国内、国际先进水平提高准入标准，引导能耗较大的新兴产业应用绿色技术、提高能效水平，确保完成能耗强度下降目标任务。

文件明确要实现能耗双控向碳排放总量和强度双控转变。坚持“存量腾空间、增量优空间”，严格新建、改扩建“两高”项目准入门槛，创造条件实现能耗双控向碳排放总量和强度双控转变。

能耗强度方面，新上项目单位产品能耗须达到国内行业先进水平，单位工业增加值能耗低于全省同行业平均水平20%左右。

总量控制方面，“十四五”期间建成投产对完成能耗强度降低目标有较大影响的“两高”项目，原则上市县及项目单位提供相应的替代能耗指标；原则上新建项目到2025年消费可再生能源电力须占总消耗电力的30%左右；产能过剩行业项目能耗需“等量或减量”置换；单位工业增加值能耗达到或低于全省“十四五”单位GDP能耗下降目标0.45吨标准煤的项目，无须提供能耗替代指标；有利于推动碳达峰、碳中和的项目、循环经济项目、使用首台套试验示范装置的项目，原则上由省、市配置全部能耗指标；“十五五”期间投产的“两高”项目，需提供碳排放解决方案。

政策三：《陕西省迎峰度夏度冬节约用电工作方案》

◎政策节选

节选自：第三节　重点任务

△工业企业节电增效。各市（区）发展改革委要监督、引导工业企业特别是“高耗能、高排放”企业、重点用能企业积极响应并参与节约用电行动，合理安排生产经营计划，科学调整用电负荷，在用电高峰期错峰用电，实现节能降本。各重点用能企业要积极推广运用先进适用节能技术和产品，加大节能技术改造力度，降低非生产用电负荷，开展职工宣传培训，提高用电效率。鼓励安装分布式光伏，降低企业碳排放水平。迎峰度夏期间拥有自备电厂企业要积极多发电量，严格控制下网用电，确保购网电量低于同期水平。

◎政策解读

做好迎峰度夏节约用电，对支撑经济平稳运行、维护群众根本利益、保障能源安全具有重要意义，是落实“双碳”战略和节能减排工作的具体措施。

文件明确工业企业要节电增效，各市（区）发展改革委要监督、引导工业企业特别是“高耗能、高排放”企业、重点用能企业积极响应并参与节约用电行动，合理安排生产经营计划，科学调整用电负荷，在用电高峰期错峰用电，实现节能降本；各重点用能企业也要积极推广运用先进适用节能技术和产品，加大节能技术改造力度，降低非生产用电负荷，开展职工宣传培训，提高用电效率；鼓励安装分布式光伏，降低企业碳排放水平。

第七篇　虚拟电厂业务

一、政策一览

表1-7-1　虚拟电厂业务相关政策一览表

序号	发文时间	发文单位	文件名称
国家层面			
1	2021年3月5日	国家发展改革委、国家能源局	《关于推进电力源网荷储一体化和多能互补发展的指导意见》
2	2021年7月23日	国家发展改革委、国家能源局	《关于加快推动新型储能发展的指导意见》
3	2021年10月26日	国务院	《2030年前碳达峰行动方案》
4	2022年2月10日	国家发展改革委、国家能源局	《关于完善能源绿色低碳转型体制机制和政策措施的意见》
陕西省层面			
1	2022年9月27日	陕西省发展和改革委员会	《陕西省2022年可再生能源电力消纳责任权重实施方案》
2	2023年3月8日	陕西省电力交易中心	《陕西电力市场主体行为规范实施细则》
3	2024年2月4日	陕西省发展和改革委员会	《陕西省虚拟电厂建设运营工作方案》

二、政策节选与解读

★国家层面

政策一：《关于推进电力源网荷储一体化和多能互补发展的指导》

◎政策节选

节选自：第二节　总体要求

△源网荷储一体化实施路径。

通过优化整合本地电源侧、电网侧、负荷侧资源，以先进技术突破和体制机制创新为支撑，探索构建源网荷储高度融合的新型电力系统发展路径，主要包括区域（省）级、市（县）级、园区（居民区）级“源网荷储一体化”等具体模式。

充分发挥负荷侧的调节能力。依托“云大物移智链”等技术，进一步加强源网荷储多向互动，通过虚拟电厂等一体化聚合模式，参与电力中长期、辅助服务、现货等市场交易，为系统提供调节支撑能力。

实现就地就近、灵活坚强发展。增加本地电源支撑，调动负荷响应能力，降低对大电网的调节支撑需求，提高电力设施利用效率。通过加强局部电网建设，提升重要负荷中心应急保障和风险防御能力。

激发市场活力，引导市场预期。主要通过完善市场化电价机制，调动市场主体积极性，引导电源侧、电网侧、负荷侧和独立储能等主动作为、合理布局、优化运行，实现科学健康发展。

◎政策解读

国网注重通过优化整合本地电源侧、电网侧、负荷侧资源，来实现能源利用的高效化和电力供应的稳定化。这种优化整合不仅涉及硬件设施的升级，更依赖于先进技术的突破和体制机制的创新。国网正积极探索构建源网荷储高度融合的新型电力系统，这种系统能够更好地适应可再生能源的波动性，同时提高电力系统的灵活性和可靠性。

在具体实施层面，国网提出了区域（省）级、市（县）级、园区（居民区）级“源网荷储一体化”等具体模式。这些模式旨在通过精细化管理和智能化控制，实现能源资源的优化配置和高效利用。

国网还充分发挥负荷侧的调节能力。通过引入“云大物移智链”等先进技术，加强源网荷储之间的多向互动，提升整个电力系统的智能化水平。虚拟电厂等一体化聚合模式的应用，使得负荷侧能够更加灵活地参与电力市场交易，为系统提供必要的调节支撑能力。

推进源网荷储一体化，提升保障能力和利用效率。区域（省）级源网荷储一体化。依托区域（省）级电力辅助服务、中长期和现货市场等体系建设，公平无歧视引入电源侧、负荷侧、独立电储能等市场主体，全面放开市场化交易，通过价格信号引导各类市场主体灵活调节、多向互动，推动建立市场化交易用户参与承担辅助服务的市场交易机制，培育用户负荷管理能力，提高用户侧调峰积极性。依托5G等现代信息通信及智能化技术，加强全网统一调度，研究建立源网荷储灵活高效互动的电力运行与市场体系，充分发挥区域电网的调节作用，落实电源、电力用户、储能、虚拟电厂参与市场机制。

政策二：《关于加快推动新型储能发展的指导意见》

◎政策节选

节选自：第二节　强化规划引导，鼓励储能多元发展

△积极支持用户侧储能多元化发展。鼓励围绕分布式新能源、微电网、大数据中心、5G基站、充电设施、工业园区等其他终端用户，探索储能融合发展新场景。鼓励聚合利用不间断电源、电动汽车、用户侧储能等分散式储能设施，依托大数据、云计算、人工智能、区块链等技术，结合体制机制综合创新，探索智慧能源、虚拟电厂等多种商业模式。

◎政策解读

《关于加快推动新型储能发展的指导意见》规定了新型储能发展的

主要目标，提出到2025年，实现新型储能从商业化初期向规模化发展转变；到2030年，实现新型储能全面市场化发展。在强化规划引导，鼓励储能多元发展方面，文件明确要积极支持用户侧储能多元化发展。鼓励围绕分布式新能源、微电网、大数据中心、5G基站、充电设施、工业园区等其他终端用户，探索储能融合发展新场景。鼓励聚合利用不间断电源、电动汽车、用户侧储能等分散式储能设施，依托大数据、云计算、人工智能、区块链等技术，结合体制机制综合创新，探索智慧能源、虚拟电厂等多种商业模式。

政策三：《2030年前碳达峰行动方案》

◎政策节选

节选自：第十节　各地区梯次有序碳达峰行动。

各地区要准确把握自身发展定位，结合本地区经济社会发展实际和资源环境禀赋，坚持分类施策、因地制宜、上下联动，梯次有序推进碳达峰。

▲科学合理确定有序达峰目标。碳排放已经基本稳定的地区要巩固减排成果，在率先实现碳达峰的基础上进一步降低碳排放。产业结构较轻、能源结构较优的地区要坚持绿色低碳发展，坚决不走依靠“两高”项目拉动经济增长的老路，力争率先实现碳达峰。产业结构偏重、能源结构偏煤的地区和资源型地区要把节能降碳摆在突出位置，大力优化调整产业结构和能源结构，逐步实现碳排放增长与经济增长脱钩，力争与全国同步实现碳达峰。

▲因地制宜推进绿色低碳发展。各地区要结合区域重大战略、区域协调发展战略和主体功能区战略，从实际出发推进本地区绿色低碳发展。京津冀、长三角、粤港澳大湾区等区域要发挥高质量发展动力源和增长极作用，率先推动经济社会发展全面绿色转型。长江经济带、黄河流域和国

家生态文明试验区要严格落实生态优先、绿色发展战略导向，在绿色低碳发展方面走在全国前列。中西部和东北地区要着力优化能源结构，按照产业政策和能耗双控要求，有序推动高耗能行业向清洁能源优势地区集中，积极培育绿色发展动能。

▲上下联动制定地方达峰方案。各省、自治区、直辖市人民政府要按照国家总体部署，结合本地区资源环境禀赋、产业布局、发展阶段等，坚持全国一盘棋，不抢跑，科学制定本地区碳达峰行动方案，提出符合实际、切实可行的碳达峰时间表、路线图、施工图，避免“一刀切”限电限产或运动式“减碳”。各地区碳达峰行动方案经碳达峰碳中和工作领导小组综合平衡、审核通过后，由地方自行印发实施。

▲组织开展碳达峰试点建设。加大中央对地方推进碳达峰的支持力度，选择100个具有典型代表性的城市和园区开展碳达峰试点建设，在政策、资金、技术等方面对试点城市和园区给予支持，加快实现绿色低碳转型，为全国提供可操作、可复制、可推广的经验做法。

◎政策解读

《2030年前碳达峰行动方案》明确要将碳达峰贯穿于经济社会发展全过程和各方面，重点实施能源绿色低碳转型行动、节能降碳增效行动、工业领域碳达峰行动、城乡建设碳达峰行动、交通运输绿色低碳行动、循环经济助力降碳行动、绿色低碳科技创新行动、碳汇能力巩固提升行动、绿色低碳全民行动、各地区梯次有序碳达峰行动等“碳达峰十大行动”。在各地区梯次有序碳达峰行动方面，要科学合理确定有序达峰目标，因地制宜推进绿色低碳发展，上下联动制定地方达峰方案，组织开展碳达峰试点建设。

加快建设新型电力系统。构建新能源占比逐渐提高的新型电力系统，推动清洁电力资源大范围优化配置。大力提升电力系统综合调节能力，加快灵活调节电源建设，引导自备电厂、传统高载能工业负荷、工商业可中断负荷、电动汽车充电网络、虚拟电厂等参与系统调节，建设坚强智能电网，提升电网安全保障水平。积极发展“新能源+储能”、源网荷储一体化和多能互补，支持分布式新能源合理配置储能系统。制定新一轮抽水蓄能电站中长期发展规划，完善促进抽水蓄能发展的政策机制。加快新型储能示范推广应用。深化电力体制改革，加快构建全国统一电力市场体系。到2025年，新型储能装机容量达到3000万千瓦以上。到2030年，抽水蓄能电站装机容量达到1.2亿千瓦左右，省级电网基本具备5%以上的尖峰负荷响应能力。

政策四：《关于完善能源绿色低碳转型体制机制和政策措施的意见》

◎政策节选

节选自：第五节　完善新型电力系统建设和运行机制

△完善电力需求响应机制。推动电力需求响应市场化建设，推动将需求侧可调节资源纳入电力电量平衡，发挥需求侧资源削峰填谷、促进电力供需平衡和适应新能源电力运行的作用。拓宽电力需求响应实施范围，通过多种方式挖掘各类需求侧资源并组织其参与需求响应，支持用户侧储能、电动汽车充电设施、分布式发电等用户侧可调节资源，以及负荷聚合商、虚拟电厂运营商、综合能源服务商等参与电力市场交易和系统运行调节。明确用户侧储能安全发展的标准要求，加强安全监管。加快推进需求响应市场化建设，探索建立以市场为主的需求响应补偿机制。全面调查评价需求响应资源并建立分级分类清单，形成动态的需求响应资源库。

◎政策解读

《关于完善能源绿色低碳转型体制机制和政策措施的意见》明确要

完善电力需求响应机制。推动电力需求响应市场化建设，推动将需求侧可调节资源纳入电力电量平衡，发挥需求侧资源削峰填谷、促进电力供需平衡和适应新能源电力运行的作用。拓宽电力需求响应实施范围，通过多种方式挖掘各类需求侧资源并组织其参与需求响应，明确支持用户侧储能、电动汽车充电设施、分布式发电等用户侧可调节资源，以及负荷聚合商、虚拟电厂运营商、综合能源服务商等参与电力市场交易和系统运行调节。明确用户侧储能安全发展的标准要求，加强安全监管。加快推进需求响应市场化建设，探索建立以市场为主的需求响应补偿机制。全面调查评价需求响应资源并建立分级分类清单，形成动态的需求响应资源库。

★陕西省层面

政策一：《陕西省2022年可再生能源电力消纳责任权重实施方案》

◎政策节选

△省能源局承担全省消纳责任权重分配和落实责任，负责明确各承担消纳责任的市场主体的消纳责任权重，并进行考核。会同省发展改革委运行办督促配售电公司以及未与公用电网联网的拥有自备电厂的企业，按时到省电力交易中心进行账户注册，并报送消纳责任权重完成情况等相关数据。

△国网陕西省电力公司、陕西省地方电力（集团）有限公司依据本方案，组织经营区内承担消纳责任的市场主体完成可再生能源电力消纳责任，负责编制《消纳责任权重实施细则》，报省能源局批准后实施。

△国网陕西省电力公司、陕西省地方电力（集团）有限公司于2021年1月底前将2020年度经营区内消纳责任权重组织工作完成情况报送省能源局、省发展改革委运行办和西北能源监管局和省电力交易中心。

△由于自然原因、重大事故或其他不可抗力因素导致可再生能源发

电量显著减少或送出受限情况，省能源局根据国家能源局核减后的消纳责任权重对市场主体进行考核。

△省电力交易中心负责组织开展省内可再生能源电力相关交易，指导参与电力交易的市场主体优先完成消纳责任权重相应的电力交易，并在中长期电力交易合同审核、电力交易信息公布等环节对消纳责任的市场主体给予提醒。

△省电力交易中心负责组织省内消纳量的交易或转让，并制定交易或转让细则。

△省电力交易中心按季度向省能源局、省发展改革委运行办和西北能源监管局报送各消纳责任权重市场主体完成消纳责任权重情况，并于2021年1月底报送2020年度消纳责权重完成情况。

△各承担消纳责任的市场主体负责完成省能源局分配的最低消纳责任权重，并向省电力交易中心做出履行消纳责任的承诺。配售电公司以及未与公用电网联网的拥有自备电厂的企业，在每月第三个工作日前将消纳责任权重完成情况报送省电力交易中心和所在市发展和改革委员会，并对数据的真实性、准确性做出承诺。

△西北能源监管局负责对省内各承担消纳责任的市场主体的消纳责任权重完成情况、可再生能源相关交易过程等情况进行监管。

◎政策解读

规定旨在通过明确各市场主体在可再生能源电力消纳方面的责任和义务，促进可再生能源电力的消纳和利用，推动能源结构的优化和可持续发展。各市场主体需遵守相关规定并履行自己的责任和义务，共同推动可再生能源电力的发展和应用。

其中，省能源局承担全省消纳责任权重分配和落实责任；由于自然原因、重大事故或其他不可抗力因素导致可再生能源发电量显著减少或送出受限情况，省能源局根据国家能源局核减后的消纳责任权重对市场主体进行考核。

国网陕西省电力公司、陕西省地方电力（集团）有限公司依据本方案，组织经营区内承担消纳责任的市场主体完成可再生能源电力消纳责任，负责编制《消纳责任权重实施细则》。

省电力交易中心负责组织开展省内可再生能源电力相关交易，指导参与电力交易的市场主体优先完成消纳责任权重相应的电力交易；并负责组织省内消纳电量的交易或转让，并制定交易或转让细则；同时按季度报送各消纳责任权重市场主体完成消纳责任权重情况。

各承担消纳责任的市场主体负责完成省能源局分配的最低消纳责任权重，并向省电力交易中心做出履行消纳责任的承诺。配售电公司以及未与公用电网联网的拥有自备电厂的企业，在每月第三个工作日前将消纳责任权重完成情况报送省电力交易中心和所在市发展和改革委员会，并对数据的真实性、准确性做出承诺。

西北能源监管局负责对省内各承担消纳责任的市场主体的消纳责任权重完成情况、可再生能源相关交易过程等情况进行监管。

政策二：《陕西电力市场主体行为规范实施细则》

◎政策节选

节选自：第六条　电网企业的权利和义务

△组织其经营区内承担消纳责任的市场主体完成消纳责任权重；

△做出履行可再生能源电力消纳责任的承诺，按规则参与超额消纳量交易，履行成交结果；

△根据市场主体授权，代理经营区内部分市场主体参加省间超额消

纳量交易；若陕西省整体未完成国家要求的可再生能源消纳责任权重指标，可根据政府主管部门授权，代理经营区内市场主体参加省间超额消纳量交易；

△在完成居民、农业、重要公用事业和公益性服务、非市场化用电量对应消纳责任权重后，将剩余保障性收购的可再生能源电量对应的消纳量按无偿原则公平分摊给省内承担消纳责任的其他市场主体；

△按月向陕西电力交易中心提供经营区域内全社会用电量、市场主体用电量、可再生能源机组发电量和上网电量、免考核电量等数据；

△按规定披露和提供信息，获得交易相关信息；

△法律法规所赋予的其他权利和义务。

◎政策解读

文件明确了电网企业的权利和义务。

根据政策要求，电网陕西公司组织其经营区内承担消纳责任的市场主体完成消纳责任权重；做出履行可再生能源电力消纳责任的承诺，按规则参与超额消纳量交易，履行成交结果；根据市场主体授权，代理经营区内部分市场主体参加省间超额消纳量交易；若陕西省整体未完成国家要求的可再生能源消纳责任权重指标，可根据政府主管部门授权，代理经营区内市场主体参加省间超额消纳量交易；在完成居民、农业、重要公用事业和公益性服务、非市场化用电量对应消纳责任权重后，将剩余保障性收购的可再生能源电量对应的消纳量按无偿原则公平分摊给省内承担消纳责任的其他市场主体；按月向陕西电力交易中心提供经营区域内全社会用电量、市场主体用电量、可再生能源机组发电量和上网电量、免考核电量等数据；按规定披露和提供信息，获得交易相关信息；法律法规所赋予的其他权利和义务。

政策三：《陕西省虚拟电厂建设运营工作方案》

◎政策节选

◆工作目标

以市场机制为依托，以技术改革为动力，以源网荷储协同互动为目标，加快推进虚拟电厂建设，增强电力系统调节和安全保障能力，提升我省新能源消纳及需求响应能力，开展虚拟电厂接入新型电力负荷管理系统，实现负荷资源的统一管理、统一调控、统一服务，形成源网荷储良性循环发展模式。2023年底前，初步构建虚拟电厂市场化运营机制，建成省级虚拟电厂运营管理平台，启动建设虚拟电厂试点示范项目。2024年，建成一批试点示范项目，形成不低于30万千瓦的虚拟电厂资源。

◆虚拟电厂类型

按照虚拟电厂聚合优化的资源类别不同，将虚拟电厂分为两类：

“负荷类”虚拟电厂：指虚拟电厂运营商聚合具备负荷调节能力的市场化电力用户（包括电动汽车、充换电基础设施、可调节负荷、可中断负荷、5G基站等），作为一个整体组建成虚拟电厂，对外提供以负荷侧灵活响应调节为主的服务和电力市场品种。“负荷类”虚拟电厂整体呈现为负荷状态，聚合的电力用户不应具有反送电能力。

“一体化”虚拟电厂：指将可调负荷、分布式电源、储能等资源通过虚拟电厂一体化聚合，作为独立市场参与电力市场，具备自平衡和调节能力，可以为公共电网提供调节服务（含自备电厂的用户侧暂不作为“一体化”虚拟电厂考虑）

◎政策解读

核心目标是构建一个高效的虚拟电厂市场化运营机制，通过建设省级虚拟电厂运营管理平台，实现负荷资源的统一管理、统一调控、统一服务。在确保电网稳定运行的同时，促进新能源的消纳和需求响应能力的提升。预计在2023年底前，初步完成这些目标，并启动建设虚拟电厂试点示范项目。

为更好地满足电网的需求和市场的变化，根据资源聚合的类别，将虚拟电厂分为两类：“负荷类”虚拟电厂和“源网荷储一体化”虚拟电厂。

“负荷类”虚拟电厂主要是聚合具备负荷调节能力的市场化电力用户，作为一个整体对外提供服务。这类虚拟电厂主要侧重于负荷侧的灵活响应调节，不具有反送电能力。“源网荷储一体化”虚拟电厂则是将新能源、用户及配套储能进行一体化聚合。这类虚拟电厂原则上不占用系统调峰能力，具备自主调峰、调节能力，并可以为公共电网提供调节服务。

这两种类型的虚拟电厂各有特点，能够满足不同的市场和用户需求，有助于更好地管理和优化电网的运行。

第八篇　客户侧储能业务

一、政策一览

表1-8-1　客户侧储能业务相关政策一览表

序号	发文时间	发文单位	文件名称
国家层面			
1	2022年1月15日	工业和信息化部、住房和城乡建设部等五部门	《智能光伏产业创新发展行动计划（2021—2025年）》
2	2022年3月21日	国家发展改革委、国家能源局	《“十四五”新型储能发展实施方案》
3	2022年5月25日	国家能源局	《国家能源局综合司关于加强电化学储能电站安全管理的通知》
4	2022年6月7日	国家发展改革委、国家能源局	《关于进一步推动新型储能参与电力市场和调度运用的通知》
5	2022年7月7日	工业和信息化部、国家发展改革委、生态环境部	《工业领域碳达峰实施方案》
6	2022年10月31日	市场监管总局、国家发展改革委等九部门	《建立健全碳达峰碳中和标准计量体系实施方案》
7	2022年11月18日	工业和信息化部办公厅国家市场监督管理总局办公厅	《关于做好锂离子电池产业链供应链协同稳定发展工作的通知》
陕西省层面			
1	2021年11月12日	陕西省发展和改革委员会	《陕西省关于进一步完善分时电价机制有关事项的通知》
2	2022年3月28日	陕西省发展和改革委员会	《关于征求陕西省2022年新型储能建设实施方案意见的函》

二、政策节选与解读

★国家层面

政策一：《智能光伏产业创新发展行动计划（2021—2025年）》

◎政策节选

节选自：第五节　完善新型电力系统建设和运行机制

△健全适应新型电力系统的市场机制。建立全国统一电力市场体系，加快电力辅助服务市场建设，推动重点区域电力现货市场试点运行，完善电力中长期、现货和辅助服务交易有机衔接机制，探索容量市场交易机制，深化输配电等重点领域改革，通过市场化方式促进电力绿色低碳发展。完善有利于可再生能源优先利用的电力交易机制，开展绿色电力交易试点，鼓励新能源发电主体与电力用户或售电公司等签订长期购售电协议。支持微电网、分布式电源、储能和负荷聚合商等新兴市场主体独立参与电力交易。积极推进分布式发电市场化交易，支持分布式发电（电储能、电动车船等）与同一配电网内的电力用户通过电力交易平台就近进行交易，为电网企业（含增量配电网企业）提供输电、计量和交易结算等技术支持，完善支持分布式发电市场化交易的价格政策及市场规则。完善支持储能应用的电价政策。

◎政策解读

为推动智能光伏产业创新发展行动计划，文件明确要完善新型电力系统建设和运行机制，健全适应新型电力系统的市场机制为主要内容之一。

一是建立全国统一电力市场体系，加快电力辅助服务市场建设，推动重点区域电力现货市场试点运行，完善电力中长期、现货和辅助服务交易有机衔接机制，探索容量市场交易机制，深化输配电等重点领域改革，通过市场化方式促进电力绿色低碳发展。

二是完善有利于可再生能源优先利用的电力交易机制，开展绿色电力交易试点，鼓励新能源发电主体与电力用户或售电公司等签订长期购售电协议。

三是支持微电网、分布式电源、储能和负荷聚合商等新兴市场主体独立参与电力交易。

四是积极推进分布式发电市场化交易，支持分布式发电（电储能、电动车船等）与同一配电网内的电力用户通过电力交易平台就近进行交易，为电网企业（含增量配电网企业）提供输电、计量和交易结算等技术支持，完善支持分布式发电市场化交易的价格政策及市场规则。

五是完善支持储能应用的电价政策。

政策二：《“十四五”新型储能发展实施方案》

◎政策节选

节选自：第三节　发展目标

到2025年，新型储能由商业化初期步入规模化发展阶段，具备大规模商业化应用条件。新型储能技术创新能力显著提高，核心技术装备自主可控水平大幅提升，标准体系基本完善，产业体系日趋完备，市场环境和商业模式基本成熟。其中，电化学储能技术性能进一步提升，系统成本降低30%以上；火电与核电机组抽汽蓄能等依托常规电源的新型储能技术、百兆瓦级压缩空气储能技术实现工程化应用；兆瓦级飞轮储能等机械储能技术逐步成熟；氢储能、热（冷）储能等长时间尺度储能技术取得突破。

到2030年，新型储能全面市场化发展。新型储能核心技术装备自主可控，技术创新和产业水平稳居全球前列，市场机制、商业模式、标准体系成熟健全，与电力系统各环节深度融合发展，基本满足构建新型电力系统需求，全面支撑能源领域碳达峰目标如期实现。

◎政策解读

《“十四五”新型储能发展实施方案》明确了“十四五”期间新型储能发展实施发展目标。到2025年，新型储能需要由商业化初期步入规模化发展阶段，具备大规模商业化应用条件。新型储能技术创新能力需要得到显著提高，核心技术装备自主可控水平大幅提升，标准体系基本完善，产业体系日趋完备，市场环境和商业模式基本成熟。其中，电化学储能技术性能要进一步提升，系统成本降低30%以上；火电与核电机组抽汽蓄能等要依托常规电源的新型储能技术、百兆瓦级压缩空气储能技术实现工程化应用；兆瓦级飞轮储能等机械储能技术逐步成熟；氢储能、热（冷）储能等长时间尺度储能技术取得突破。

到2030年，新型储能要全面市场化发展。新型储能核心技术装备自主可控，技术创新和产业水平稳居全球前列，市场机制、商业模式、标准体系成熟健全，与电力系统各环节深度融合发展，基本满足构建新型电力系统需求，全面支撑能源领域碳达峰目标如期实现。

政策三：《国家能源局综合司关于加强电化学储能电站安全管理的通知》

◎政策节选

节选自：第五节　严格电化学储能电站并网验收

△做好并网准备。开展电化学储能电站并网检测应当委托具备储能专业检测检验资质的机构。并网验收前，要完成电站主要设备及系统的型式试验、整站调试试验和并网检测。

△加强并网验收。电网企业要积极配合开展电化学储能电站的并网

和验收工作，对不符合国家（行业）并网技术标准要求的电站，杜绝“带病并网”。应当优化调度运行方案，在并网调度协议中明确电站安全调度区间，并严格执行。

◎政策解读

通知中从高度重视电化学储能电站安全管理、加强电化学储能电站规划设计安全管理、做好电化学储能电站设备选型、严格电化学储能电站施工验收、严格电化学储能电站并网验收、加强电化学储能电站运行维护安全管理、提升电化学储能电站应急消防处置能力七个方面对电化学储能电站安全提出了具体措施。

在严格电化学储能电站并网验收方面，一是要做好并网准备，开展电化学储能电站并网检测应当委托具备储能专业检测检验资质的机构；并网验收前，要完成电站主要设备及系统的型式试验、整站调试试验和并网检测。二是要加强并网验收，电网企业要积极配合开展电化学储能电站的并网和验收工作，对不符合国家（行业）并网技术标准要求的电站，杜绝“带病并网”；优化调度运行方案，在并网调度协议中明确电站安全调度区间，并严格执行。

政策四：《关于进一步推动新型储能参与电力市场和调度运用的通知》

◎政策节选

◆新型储能可作为独立储能参与电力市场。具备独立计量、控制等技术条件，接入调度自动化系统可被电网监控和调度，符合相关标准规范和电力市场运营机构等有关方面要求，具有法人资格的新型储能项目，可转为独立储能，作为独立主体参与电力市场。鼓励以配建形式存在的新型储能项目，通过技术改造满足同等技术条件和安全标准时，可选择转为独立储能项目。按照《国家发展改革委、国家能源局关于推进电力源网荷储一体化和多能互补发展的指导意见》有关要求，涉及风光水火储多能互补一体化项目的储能，原则上暂不转为独立储能。

◆鼓励配建新型储能与所属电源联合参与电力市场。以配建形式存在的新型储能项目，在完成站内计量、控制等相关系统改造并符合相关技术要求情况下，鼓励与所配建的其他类型电源联合并视为一个整体，按照现有相关规则参与电力市场。各地根据市场开放电源实际情况，鼓励新能源场站和配建储能联合参与市场，利用储能改善新能源涉网性能，保障新能源高效消纳利用。随着市场建设逐步成熟，鼓励探索同一储能主体可以按照部分容量独立、部分容量联合两种方式同时参与的市场模式。

◆加快推动独立储能参与电力市场配合电网调峰。加快推动独立储能参与中长期市场和现货市场。鉴于现阶段储能容量相对较小，鼓励独立储能签订顶峰时段和低谷时段市场合约，发挥移峰填谷和顶峰发电作用。独立储能电站向电网送电的，其相应充电电量不承担输配电价和政府性基金及附加。

◆充分发挥独立储能技术优势提供辅助服务。鼓励独立储能按照辅助服务市场规则或辅助服务管理细则，提供有功平衡服务、无功平衡服务和事故应急及恢复服务等辅助服务，以及在电网事故时提供快速有功响应服务。辅助服务费用应根据《电力辅助服务管理办法》有关规定，按照“谁提供、谁获利，谁受益、谁承担”的原则，由相关发电侧并网主体、电力用户合理分摊。

◆优化储能调度运行机制。坚持以市场化方式为主优化储能调度运行。对于暂未参与市场的配建储能，尤其是新能源配建储能，电力调度机构应建立科学调度机制，项目业主要加强储能设施系统运行维护，确保储能系统安全稳定运行。燃煤发电等其他类型电源的配建储能，参照上述要求执行，进一步提升储能利用水平。

◆进一步支持用户侧储能发展。各地要根据电力供需实际情况，适度拉大峰谷价差，为用户侧储能发展创造空间。根据各地实际情况，鼓励进一步拉大电力中长期市场、现货市场上下限价格，引导用户侧主动配置新型储能，增加用户侧储能获取收益渠道。鼓励用户采用储能技术减少自身高峰用电需求，减少接入电力系统的增容投资。

◆建立电网侧储能价格机制。各地要加强电网侧储能的科学规划和有效监管，鼓励电网侧根据电力系统运行需要，在关键节点建设储能设施。研究建立电网侧独立储能电站容量电价机制，逐步推动电站参与电力市场；探索将电网替代型储能设施成本收益纳入输配电价回收。

◎政策解读

要建立完善适应储能参与的市场机制，鼓励新型储能自主选择参与电力市场，坚持以市场化方式形成价格，持续完善调度运行机制，发挥储能技术优势，提升储能总体利用水平，保障储能合理收益，促进行业健康发展。

文件还明确：新型储能可作为独立储能参与电力市场；鼓励新能源场站和配建储能联合参与电力市场；充分发挥独立储能技术优势提供辅助服务，由相关发电侧并网主体、电力用户合理分摊；适度拉大峰谷价差，为用户侧储能发展创造空间；建立电网侧储能价格机制，探索将电网替代型储能设施成本收益纳入输配电价回收等等。

政策五：《工业领域碳达峰实施方案》

◎政策节选

▲加大能源生产领域绿色低碳产品供给。加强能源电子产业高质量发展统筹规划，推动光伏、新型储能、重点终端应用、关键信息技术产品

协同创新。实施智能光伏产业发展行动计划并开展试点示范，加快基础材料、关键设备升级。推进先进太阳能电池及部件智能制造，提高光伏产品全生命周期信息化管理水平。支持低成本、高效率光伏技术研发及产业化应用，优化实施光伏、锂电等行业规范条件、综合标准体系。持续推动陆上风电机组稳步发展，加快大功率固定式海上风电机组和漂浮式海上风电机组研制，开展高空风电机组预研。重点攻克变流器、主轴承、联轴器、电控系统及核心元器件，完善风电装备产业链。（国家发展改革委、工业和信息化部、国家能源局等按职责分工负责）

▲加大交通运输领域绿色低碳产品供给。大力推广节能与新能源汽车，强化整车集成技术创新，提高新能源汽车产业集中度。提高城市公交、出租汽车、邮政快递、环卫、城市物流配送等领域新能源汽车比例，提升新能源汽车个人消费比例。开展电动重卡、氢燃料汽车研发及示范应用。加快充电桩建设及换电模式创新，构建便利高效适度超前的充电网络体系。对标国际领先标准，制修订汽车节能减排标准。到2030年，当年新增新能源、清洁能源动力的交通工具比例达到40%，乘用车和商用车新车二氧化碳排放强度分别比2020年下降25%和20%以上。大力发展绿色智能船舶，加强船用混合动力、LNG动力、电池动力、氨燃料、氢燃料等低碳清洁能源装备研发，推动内河、沿海老旧船舶更新改造，加快新一代绿色智能船舶研制及示范应用。推动下一代国产民机绿色化发展，积极发展电动飞机等新能源航空器。（国家发展改革委、工业和信息化部、住房和城乡建设部、交通运输部、市场监管总局、国家能源局、国家邮政局等按职责分工负责）

◎政策解读

推进氢能制储输运销用全链条发展。鼓励企业、园区就近利用清洁能源，支持具备条件的企业开展“光伏+储能”等自备电厂、自备电源建设。

增强源网荷储协调互动，引导企业、园区加快分布式光伏、分散式风电、多元储能、高效热泵、余热余压利用、智慧能源管控等一体化系统开发运行，推进多能高效互补利用，促进就近大规模高比例消纳可再生能源。加强能源系统优化和梯级利用，因地制宜推广园区集中供热、能源供应中枢等新业态。加快新型储能规模化应用。

政策六：《建立健全碳达峰、碳中和标准计量体系实施方案》

◎政策节选

加快新型电力系统标准制修订。围绕构建新型电力系统，开展电网侧、电源侧、负荷侧标准研究，重点推进智能电网、新型储能标准制定，逐步完善源网荷储一体化标准体系。（工业和信息化部、市场监管总局、国家能源局等按职责分工负责）

▲电网侧。开展支撑大规模新能源接入的特高压交直流混联电网标准制定，制定电网仿真分析、继电保护、安全稳定控制、调度自动化、网源协调、新能源调度等关键技术标准。进一步完善新能源并网标准。开展能源互联网、数字电网等领域标准化工作，在电力人工智能、电力区块链、电力集成电路、电力智能传感等领域开展标准制定工作。加强电力市场、电能替代、需求侧管理、虚拟电厂等领域标准制修订。针对分布式电源等多电源接入系统，开展智能配电电器、控制与保护电器、终端电器等标准研制。围绕电气化转型，研究电池保护用熔断体、半导体断路器、新能源用直流接触器等低压直流配用电专用设备标准。

▲火力发电。开展机组性能提升、机组灵活性改造、机组运行状态评估与延寿等标准制修订。制定完善天然气发电及调峰相关技术标准。

▲新型储能。围绕新型锂离子电池、铅炭电池、液流电池、燃料电池、钠离子电池等，开展系统与设备检验监测、性能评估、安全管理和消防灭火相关标准制修订。推进飞轮储能、压缩空气储能、超导储能、超级电容器、梯级电站储能等物理储能系统及设备标准研制。开展储能系统接入电网技术、并网性能评价方法等标准制修订。推进储能系统、储能与传统电源联合运行相关安全、运维、检修标准研究。开展储能电站安装、调试、智能运维等标准研究。

◎政策解读

要加快新型电力系统标准制修订。围绕构建新型电力系统，开展电网侧、电源侧、负荷侧标准研究，重点推进智能电网、新型储能标准制定，逐步完善源网荷储一体化标准体系。围绕新型锂离子电池、铅炭电池、液流电池、燃料电池、钠离子电池等，开展系统与设备检验监测、性能评估、安全管理和消防灭火相关标准制修订。推进飞轮储能、压缩空气储能、超导储能、超级电容器、梯级电站储能等物理储能系统及设备标准研制。开展储能系统接入电网技术、并网性能评价方法等标准制修订。推进储能系统、储能与传统电源联合运行相关安全、运维、检修标准研究。开展储能电站安装、调试、智能运维等标准研究。

政策七：《关于做好锂离子电池产业链供应链协同稳定发展工作的通知》

◎政策节选

◆加强供需对接，保障产业链供应链稳定

各地工业和信息化主管部门要引导上下游企业加强对接交流，推动形成稳定高效的协同发展机制。鼓励锂电（电芯及电池组）生产企业、锂电一阶材料企业、锂电二阶材料企业、锂镍钴等上游资源企业、锂电回收企业、锂电终端应用企业及系统集成、渠道分销、物流运输等企业深度合作，通过签订长单、技术合作等方式建立长效机制，引导上下游稳定预期、明确量价、保障供应、合作共赢。落实《“十四五”工业绿色发展规划》等要求，完善废旧新能源汽车动力电池回收利用体系，提高综合利用水平。各地市场监管部门要加大监管力度，严格查处锂电产业上下游囤积居奇、哄抬价格、不正当竞争等行为，维护市场秩序。

◆强化监测预警，提高公共服务供给能力

各地工业和信息化主管部门要严格执行《电子信息制造业统计调查制度》，综合运用部门统计、问卷调查、行业管理、企业调度、大数据分析等方式，加强锂电行业产能、投资等运行情况监测。联合各地市场监管部门及时发现产品价格异常波动及产能短缺、投资过热等问题，深入实施《锂离子电池行业规范条件》，引导产业加快转型升级。充分发挥“数字工信”平台及地方平台等技术手段作用，加强锂电行业运行和风险预警，实现第一时间预警、第一时间响应。工业和信息化部指导有关单位修订实施《锂离子电池综合标准化技术体系》，建设产业链供需对接服务和锂电产品溯源公共服务平台，建立全生命周期溯源管理体系。鼓励行业协会、研究机构等积极发挥桥梁纽带作用，及时发布产业态势、行业预警等信息，引导行业加强自律。

◆加强监督检查，保障高质量锂电产品供给

各地工业和信息化主管部门、市场监管部门引导锂电企业落实产品质量主体责任，加强质量管理体系和质量保证能力建设，根据锂电产品安全、工艺安全和防护安全等需求，持续开展技术创新，加强质量管控，优化工艺流程，获得质量认证，提升检测能力。鼓励应用ISO9000等质量管理体系标准和“六西格玛”“卓越绩效”等先进质量管理方法，提高产品一次交验合格率，保障产品可靠性、稳定性和一致性，相关产品应符合

《便携式电子产品用锂离子电池和电池组安全要求》（GB31241）、《固定式电子设备用锂离子电池和电池组安全技术规范》（GB40165）等一系列强制性标准要求。各地市场监管部门、工业和信息化主管部门要按照职责分工，对锂电生产企业开展产品质量监督检查。各地工业和信息化主管部门组织本地锂电生产企业开展产品质量自查，鼓励企业通过自我声明形式公开质量自查情况。各地市场监管部门依据《中华人民共和国产品质量法》2020年和国家强标，重点查处生产销售不符合国家强制性标准产品等质量违法行为。市场监管总局、工业和信息化部适时组织检验检测机构，开展锂电产品质量抽查。

◎政策解读

鼓励锂电（电芯及电池组）生产企业、锂电一阶材料企业、锂电二阶材料企业、锂镍钴等上游资源企业、锂电回收企业、锂电终端应用企业及系统集成、渠道分销、物流运输等企业深度合作，通过签订长单、技术合作等方式建立长效机制，引导上下游稳定预期、明确量价、保障供应、合作共赢。

各地市场监管部门加大监管力度，严格查处锂电产业上下游囤积居奇、哄抬价格、不正当竞争等行为，维护市场秩序。

★陕西省层面

政策一：《陕西省发展和改革委员会关于进一步完善分时电价机制有关事项的通知》

◎政策节选

节选自：第二节　完善机制

△除居民生活用电外的峰谷分时电价每日分为高峰、平段、低谷三个时段，每个时段8个小时。高峰时段为8: 00—11: 30、18: 30—23: 00，低谷时段

为23: 00—7: 00，其余时间为平段。

△峰谷分时电价浮动比例保持不变，大工业生产用电峰平谷比价为1.63：1：0.37，农业生产用电、一般工商业及其他用电峰平谷比价为1.5：1：0.5。市场交易电力用户以当月购电价格（含电能量交易价格和输配电价）为基数浮动。政府性基金及附加不参与浮动。

△每年夏季7月、8月，冬季1月、12月对工商业及其他用电实施尖峰电价，夏季尖峰时段为每日19: 00—21: 00，冬季尖峰时段为每日18: 30–20: 30，尖峰时段用电价格在峰段电价基础上每千瓦时上浮20%。

◎政策解读

文件提出鼓励工商业用户通过配置储能、开展综合能源利用等方式降低高峰时段用电负荷、增加低谷用电量，通过改变用电时段来降低用电成本。峰谷分时电价浮动比例保持不变，大工业生产用电峰平谷比价为1.63：1：0.37，农业生产用电、一般工商业及其他用电峰平谷比价为1.5：1：0.5。

政策二：《关于征求陕西省2022年新型储能建设实施方案意见的函》

◎政策节选

节选自：第四节　建设要求

△为保障储能投资运营商的投资收益，新能源发电企业应按照以下储能配置要求采购等量储能服务。陕西省要求从2021年起，新增集中式风电项目，陕北地区按照10%装机容量配套储能设施；新增集中式光伏发电项目，关中地区和延安市按照10%、榆林市按照20%装机容量配套储能设施。分布式和户用新能源发电项目储能配置要求不在此要求范围内。

△为保障储能服务的有效性和先进性，储能投资运营商建设的集中

式储能电站优先建设在升压站和汇集站附近，储能系统应按照连续储能时长2小时及以上，系统工作寿命10年及（5000次循环）以上，系统容量10年衰减率不超过20%，锂电池储能电站交流侧效率不低于85%、放电深度不低于90%、电站可用率不低于90%的标准进行建设。

◎政策解读

文件要求，单个共享储能规模不低于5万千瓦，时长不低于2小时。原则上按照区县或330千伏供电区确定集中共享式储能电站布点及服务范围，优先在升压站、汇集站、变电站附近布局。

为着力提升新型储能的规模化与集约化效益。陕西省此次根据陕湖直流一期和渭南新能源基地项目建设规模及布局，开展新型储能电站项目示范；规划建设共享储能电站17座，其中渭南7座、延安5座、榆林5座。17座共享储能电站可服务约55个新能源场站，且初期建设规模为1030兆瓦/2060兆瓦时；远期规模为2000兆瓦/4000兆瓦时。

第九篇　空调负荷管理业务

一、政策一览

表1-9-1　空调负荷管理业务相关政策一览表

序号	发文时间	发文单位	文件名称
国家层面			
1	2021年12月28日	国务院	《“十四五”节能减排综合工作方案》
2	2023年9月21日	国家发展改革委、国家能源局	《关于加强新形势下电力系统稳定工作的指导意见》
陕西省层面			
1	2023年5月8日	陕西省发展和改革委员会	《陕西省空调负荷管控工作方案》

二、政策节选与解读

★国家层面

政策一：《“十四五”节能减排综合工作方案》

◎政策节选

第三条　城镇绿色节能改造工程。全面推进城镇绿色规划、绿色建设、绿色运行管理，推动低碳城市、韧性城市、海绵城市、“无废城市”建设。全面提高建筑节能标准，加快发展超低能耗建筑，积极推进既有建筑节能改造、建筑光伏一体化建设。因地制宜推动北方地区清洁取暖，加快工业余热、可再生能源等在城镇供热中的规模化应用。实施绿色高效制冷行动，以建筑中央空调、数据中心、商务产业园区、冷链物流等为重点，更新升级制冷技术、设备，优化负荷供需匹配，大幅提升制冷系统能效水平。实施公共供水管网漏损治理工程。到2025年，城镇新建建筑全面执行绿色建筑标准，城镇清洁取暖比例和绿色高效制冷产品市场占有率大幅提升。

◎政策解读

一是政策推动城镇的绿色规划、绿色建设、绿色运行管理，促进低碳城市、韧性城市、海绵城市、“无废城市”的建设。电网公司需要在这些方面提供相应的电力支持和服务，确保绿色城市建设的顺利进行。二是政策提高建筑节能标准，鼓励发展超低能耗建筑，推进既有建筑节能改造和建筑光伏一体化建设。这将需要电网公司配合进行相关的电力配套设施建设，并提供相应的技术支持和服务。三是政策因地制宜推动北方地区清洁取暖，利用工业余热、可再生能源等规模化应用在城镇供热中。电网公司需要为这些清洁能源的接入提供相应的支持和保障，确保供暖设施的稳定运行。四是政策实施绿色高效制冷行动，以建筑中央空调、数据中心、商务产业园区、冷链物流等为重点，更新升级制冷技术、设备，优化负荷供需匹配，大幅提升制冷系统能效水平。这将需要电网公司对这些领域的电力设施进行优化和升级，提供高效、可靠的电力供应。

政策二：《关于加强新形势下电力系统稳定工作的指导意见》

◎政策节选

第十六条　强化系统运行控制能力。融合先进信息通信技术，汇集一次能源、设备状态、用户侧资源、气象环境等各类信息，构建全网监视、全频段分析、全局优化、协同控制、智能决策、主配一体的调度技术支持系统，提高电力系统运行控制的自适应和数字化水平，实现调度决策从自动化向智能化转变。提升新能源和配电网的可观、可测、可控能力，研究分布式电源、可控负荷的汇聚管理形式，实现海量分散可控资源的精准评估、有效聚合和协同控制，同步加强网络安全管理。建设技术先进、覆盖主配、安全可靠、高速传输的一体化电力通信专网，为运行控制、故障防御提供坚强技术支撑。

◎政策解读

一是先进技术融合。政策明确提出要融合先进的信息通信技术，以提升电力系统的运行控制能力。这包括对一次能源、设备状态、用户侧资源、气象环境等各类信息的全面掌握和综合利用。二是智能化决策。政策要求实现调度决策从自动化向智能化转变。这意味着电网公司需要在数据分析和决策制定方面采用更智能化和精细化的方法，例如大数据分析、人工智能等。三是新能源和配电网的管理。政策强调提升新能源和配电网的可观、可测、可控能力。这意味着电网公司需要加强对新能源的接入和管理，同时也需要优化配电网的运行和控制，以适应新能源的特性。四是负荷管理。政策提到要研究分布式电源、可控负荷的汇聚管理形式，实现海量分散可控资源的精准评估、有效聚合和协同控制。这表明电网公司需要加强对电力负荷的管理，通过科学合理的方式调节和管理电力负荷，以适应电网的运行需求。四是建立电力通信专网。政策要求建设技术先进、覆盖主配、安全可靠、高速传输的一体化电力通信专网，为运行控制、故障防御提供坚强技术支撑。这表明电网公司需要建立一个高效、安全、可靠的电力通信网络，以保障电力系统的信息传递和控制系统运行的稳定性。

★陕西省层面

政策一：《陕西省空调负荷管控工作方案》

◎政策节选

◆工作目标

开展空调负荷可调控资源安全感知、精准控制、柔性调控能力建设，依托新型电力负荷管理系统（以下简称“负荷管理系统”）进行全省空调负荷特性分析，实现空调负荷感知能力全面提升空调用电能效全面优化，促进全社会节能降耗氛围全面形成。2023年完成空调负荷调研摸排，在负荷管理系统中建立空调负荷资源库，形成120万千瓦空调负荷调控能力。2024年持续推进空调负荷资源池建设，形成160万千瓦空调负荷调控能力。2025年确保应接尽接，形成不低于220万千瓦的空调负荷调节能力。

◆重点任务

△建立空调负荷管控机制。各地市电力运行主管部门会同当地电网企业、电力负荷管理中心等单位组成的空调负荷管控机构和工作机制，协同推进负荷管理终端（智慧能源单元）安装日常管控、监督考核等工作。

△开展空调负荷资源排查。各地市电网企业、电力负荷管理中心在当地电力运行主管部门的指导下，深入开展空调负荷资源排查工作，对规模较大的商业楼宇、写字楼、大型场馆、公共机构等用户开展现场排查，摸清空调负荷供电回路与控制能力完成空调负荷排查表（附件1）；依托负荷管理系统分析空调用电数据，测算夏季空调降温负荷和调节潜力，除居民、农业、公益性事业等民生用电和高危重要用户外，相关电力用户应积极配合省电力负荷管理中心负责构建全省空调负荷资源数据库。

△推进空调负荷调控能力建设。根据《关于开展新型电力负荷管理系统建设的通知》有关规定，除居民、农业、公益性事业等民生用电和高危重要用户外，10千伏及以上新报装接电的高压用户，全部安装电力负荷管理终端，同步完成跳闸测试接入负荷管理系统。进一步细化负荷资源管理措施，在具备条件的空调回路上全部安装负荷管理终端并接入负荷管理

系统。存量用户逐步完成适应性改造和系统接入。各地电力运行主管部门应做好空调使用场所主体协调，为电网企业开展现场设备安装提供条件。电网企业有序开展现场查勘、方案编制、改造协议（附件2）和需求响应协议签订、设备安装及调试，及时接入负荷管理系统。电力用户应积极配合开展改造和接入工作。

△分类实施空调负荷管理。党政机关、事业单位、国有企业办公用房要率先垂范，加大空调用电管理力度；商场、超市、地铁站等公共场所，严格执行中华人民共和国住房和城乡建设部印发的《公共建筑室内温度控制管理办法》中“夏季不低于26度冬季不高于20度”规定；医院、学校等对温度有特定要求的场所在保障基本用电需求的前提下，主动采取节电措施。各地市电网企业、电力负荷管理中心，应加强对空调负荷日常监测和管理工作，在电力供需紧张时期，配合当地电力运行主管部门通过负荷管理系统对空调负荷进行优化管理。省负荷管理中心应对接入负荷管理系统的空调负荷开展可调节潜力及需求响应能力评估。可观、可测、可控的空调负荷资源在参与需求响应时，可适当提高补贴系数（方案另行规定）。

△开展空调负荷柔性调节试点建设。按照“先行试点、逐步推广”的原则，各地市电网企业在前期对相关用户充分调研和沟通的基础上，初步梳理了拟开展空调负荷柔性调节试点用户清单，后期可根据实际工作开展情况，扩大试点用户范围各地电力运行主管部门要做好试点工作的指导和协调，及时总结形成可复制、可推广经验。电网企业要组织专业力量，分类施策通过加装负荷管理终端（智慧能源单元）直接与空调控制模块对接的方式，或安装负荷管理终端（智慧能源单元）及有关接口转换设备，与本地系统连接，实现对空调机组设备的负荷监测、柔性调节和远程

控制。试点改造由电网企业出资，费用统一纳入负荷管理系统建设资金。

◎政策解读

一是充分挖掘空调负荷资源灵活调节潜力，缓解高峰用电紧张状况，结合陕西电网特点及电力供需形势变化，遵循“政府主导、电网实施、客户参与”的工作原则，发挥省、市两级电力负荷管理中心作用，不断完善电力负荷管理系统功能，完善配套体系，构建协同机制，提升全省空调用能管理水平，促进电力供需平衡。二是指导各地市供电公司对规模较大的商业楼宇、写字楼等客户全面开展空调负荷资源现场排查、负荷管理设备安装和系统接入、电力需求侧响应协议签订等工作。三是省市两级电力负荷管理中心依托新型电力负荷管理系统，评估验证接入的空调负荷可调节能力，确保负荷可观、可测、可控，提升全省空调用能优化管理水平。四是开展空调柔性调节管控设备试点安装工作，完成试点客户调控接入，为后续数据整合、负荷调控奠定基础。五是积极开展空调负荷摸排、典型客户负荷特性研究、空调负荷柔性调节试点项目实施、管控系统研发等工作，为陕西省空调负荷优化管理工作提供参考依据。

第二部分

应用场景篇

第一篇　负荷管理与排查业务

一、应用场景

★山东省开展负荷管理与负荷排查业务情况

一是健全负荷排查工作机制。完善支撑政策，连续2年促请政府将负荷排查工作纳入负荷管理方案，明确政企协同全面摸清辖区内电力客户行业分类、生产特点和负荷特性，高质量建立"优先保障类""参与管理类"负荷资源台账，夯实负荷排查政策保障。组建工作专班，坚持高位推动，成立由分管领导牵头的工作领导小组，依托省市县三级电力负荷管理中心，明确排查目标和职责分工，政企联合高效推进客户负荷资源排查工作。强化排查培训，3月初召开全省负荷排查部署会，做好负荷排查工作动员，宣贯总部排查方案，确定4个方面12项重点工作内容，确保关键岗位和一线客户经理懂政策、能讲透、会排查。5月份线下组织开展全省负荷管理培训班，阶段性总结排查进展，强化空调负荷排查质量，确保总部精神落实到位。

二是强化排查进度质量管控。建立三级审核机制，省市县负荷管理中心建立"线上+现场"核查机制，逐级开展负荷资源入库审核，严把入库质量审核关，确保标准统一、数据准确。省级负荷管理中心人工核查抽验，将负荷调研质量纳入营销现场稽查范围，强化对现场排查、协议签订、现场装置安装等要素的质量把控。编制系统校验规则，从数据完整性、规范性、逻辑性等方面，制定12项录入强制校验、13项报表校验和

5项人工核查规则，负荷资源排查工作人员可自行在系统中进行数据校核修改，做好数据录入基础把关。强化进度管控，建立“周通报、月例会”管控机制，负荷排查周报，定期通报抽查情况，按照“发现一个、整改一片、规范一类”原则，按照时间节点加强过程管控，统筹推进负荷资源排查进度和质量。

三是建强信息系统支撑能力。完善系统功能应用，提前部署负荷管理系统负荷排查功能，结合工作开展应用实际，将排查内容按照系统自动提取、下拉框选项和自主填报三个方面进行开发，满足市、县不同规模和不同场景负荷排查需要，数字赋能减轻基层负担。部署现场排查工具，依托i国网开发负荷排查工具，现场通过移动端完成客户调研信息收集、录入，实现“一户一档”负荷排查信息现场一次录入、系统自动同步，一次到位提高现场排查工作效率。创新负控设计推广，开发负控设计图自动生成功能，自动生成典型接线设计图，校验通过“编辑设计图数据”，通过对接线进行个性化调整，生成客户内部一次接线图，解决手工绘制耗时长、易出错问题。

四是畅通负荷接入业务流程。明确职责分工，编制印发负荷接入、负控设备运维等12类典型业务流程，明晰计量、用检等7类相关班组职责分工，末端融合高效开展负荷接入。把好增量负荷接入关，联合计量、业扩专业印发《规范做好新装电力客户负荷排查和负控接入的通知》，明确新装客户业务受理、现场勘查等8个环节负荷排查及接入等工作要求，确保客户负荷接入与受电工程“四同步”开展。全力破解分路负荷接入难题，统筹考虑营销资产全寿命管理需要，贯通营销2.0、采集2.0和新型电力负荷管理系统单独加装负控终端和分路监测装置业务流程，依托营销2.0“改类”流程，将分路监测点设置为参考计量点，实现分路监测设备出入库、装拆调试、运行监测。同时，考虑空调机组等客户产权设备建档调试需要，在新型电力负荷管理系统中增加客户设备资产管理等业务流程，实现空调负荷精细化监测管理。

五是规范负荷接入现场管理。制定负控接入工作标准化作业指导书，明确3类典型现场（专线及多配电室客户、独立配电室和柱上变压器）负控标准化接入改造方案，明确各环节安全风险点及防控措施，确保现场作业安全、标准、规范。强化现场作业安全管理，推行负控回路6步作业和3级验收流程，严格履行营销作业现场安全规范要求，规范提报作业计划，严格落实营销票卡管理，全量纳入现场安全管控，确保人身、设备安全。健全完善运行维护机制，通过系统校验确保负荷管理协议应签必签，明确双方投资界面和运维职责，保障负荷管理装置建设运维顺利开展。

六是持续推进空调负荷接入。促请出台专项政策，省级加强空调负荷管理的通知已完成意见征求，15家地市已出台市级层面专项支持政策。首次将居民空调负荷纳入参与需求响应范围，按照4元/千瓦·次标准进行补偿。建立工商业空调负荷差异化补偿机制，电能量补偿费用为其他负荷的1.5倍，典型经验做法在国网要情刊发。合理评估工商业空调负荷规模，对运行容量1000千伏安以上的党政机关、商业综合体、写字楼等中央空调客户开展现场排查，逐户确定空调负荷特性、可调节容量及空调负荷占比等，建立空调负荷资源池及分析模型，累计排查空调负荷1.5万户，空调负荷276万千瓦。强化空调负荷监测调控，按照“电力示范—地市试点—全面推广”思路，根据空调类型、通讯方式等，研究制定柔性直控等7种方案，在公司系统楼宇及东营地区企事业单位空调进行示范试点，并创新“云云对接”方式贯通“海信云”，累计实现381万千瓦空调负荷监测、99万千瓦调控。

七是贯通源网荷储全要素数据。开发负荷管理驾驶舱，贯通调度D5000、用电采集、营销2.0等系统，多维度负荷资源实时监测，电网供需形势、负荷调节能力一目了然，为执行负荷管理措施提供决策依据，夯实迎峰度夏负荷管理技术基础。建立负荷资源标签体系，根据总部负荷资源分类监测要求，优化完善新型电力负荷管理系统资源可视化功能，实现分管理措施、分产业、分行业、分空调、分两高等多维度负荷资源聚合展示。充分利用国网重大科技项目阶段性研究成果，构建四维负荷标签体系，丰富可调负荷特征画像，快速准确定位可调负荷资源类型，分类分析负荷资源调节潜力，推动资源池结构持续优化。客户全要素资源展示，统筹客户档案、一次接线图和分路排查信息，对客户负荷进行建模，实现客户上级电源、分路名称、负荷性质、调控能力、调控时限及实时负荷等可视化、图形化展示分析，分路监测数据可在拓扑图中15分钟动态更新。同时，开发客户负荷资源“一张图”，展示档案信息、生产检修类型、实时负荷及历史负荷管理措施执行情况，一目了然展示客户全要素信息。开展数据延时治理，会同计量专业定期开展高延迟数据原因分析，制定“终端抄表—终端上报—主站入库”等核心环节一揽子治理方案，95.05%的数据延迟控制在15分钟以内。

2022年11月15日，国网山东省电力公司举办山东电网迎峰度冬需求响应和负荷管理专项演练。演练模拟了在冬季极端天气条件下，政府相关部门和电网企业快速响应，保障省内电力有序供应的场景，演练包括需求响应和负荷管理两项内容。需求响应演练模拟极寒天气导致山东电网出现供电缺口，需要启动紧急型削峰需求响应的情况。山东省发展和改革委员会、山东省能源局向各市发出需求响应邀请，明确各市实际响应容量。国网山东电力则通过山东电力交易平台向市场主体披露需求响应规模、响应时段等信息，全省共计3108户客户参与需求响应。负荷管理演练则模拟了更为严峻的情况：在大范围极寒天气影响下，山东电网自备电厂满发，增购省外电未能成功，山东电网供电缺口扩大。演练中，山东省启动负荷管理机制，省、市、县三级政府主管部门与电网企业在电力负荷管理中心合署办公，监控重点负荷管理客户负荷情况及自备电厂发电出力，确保各项管理措施执行到位。据统计，本次演练共有4.08万户客户参与负荷管理，演练取得了预期效果（图2–1–1）。

图2–1–1　山东电网迎峰度冬需求响应和负荷管理专项演练

★安徽省开展负荷管理与负荷排查业务情况

△健全工作机制，统筹推进负荷资源排查

对照落实总部12号、35号文件要求，2月份成立专项工作领导小组、工作组，编发三年行动方案，结合工作实际重点抓好三个关键环节。一是抓好工作统筹，以目标为导向，聚焦迎峰度夏主线任务，将负荷资源排查作为各类可调控负荷分类入库的首要环节，与负控建设、空调建设、小时级需求响应建设、有序用电“四定”等工作一体谋划、并轨实施，确保排查任务明确、目标明确、高质高效。二是抓好计划管控，根据“从大到小、急用先行”原则，优先将315千伏安以上工商业、负荷管理方案、大型商业综合体等3万余户编入排查计划，4月底超前完成全量任务。5月份启动重点行业调研，优选钢铁、水泥、化肥等151户规上企业，“一户一图”绘制电气拓扑关系，摸清生产方式、工艺流程、能耗水平，形成一批典型行业排查案例。三是抓好质量审查，强化省市电力负荷管理中心联动机制，建立“省侧指导、地市排查、两级审核”管控机制，重点核对用户回路拓扑信息、可调能力、可调设备、保安负荷，确保排查结果真实反映用户负荷特性。依托负荷管理系统、i国网数据开发校核工具，强化现场勘查、安装施工、接入联调等全环节质量管控，对作业现场不定期开展“视频”抽检，组织开展全省范围的负荷管理现场专项检查，对档案不一致、流程不规范、关键信息缺失等问题严肃予以考核。

△健全工作标准，规范排查数据接入

一是施工流程标准化。在现场建设过程中，按照“一支队伍（勘察、设计、施工）、两次现场（勘察、施工）、三方确认（用户、电网、政府）”原则，逐户签订现场建设安全协议，最大限度减少入户次数、降低安全风险。二是系统功能标准化。开发负荷管理系统主站普查功能，贯通移动端负荷资源排查工具，按照总部34项功能规范完成系统开发工作。通过现场资源归集、同类用户比对，积累行业宏观数据，分类别掌握用户负荷特性，实现“一次现场、全量录入”。三是档案管理标准化。充分借鉴输配电网运行管理经验，对用户负控支路及设备创建规范化双重编号，统一命名规则，根据负荷调控特性和应用场景将负控支路区分为约时备用、实时备用、普通刚控、柔调和保安负荷5种类型，在档案中逐一标注，确保系统接线图与现场实际的一致性，夯实安全操作基础。

△深化成果应用，加强数据溯源分析

一是构建产业链关系网，针对负荷管理方案用户构成，提取出金属（含采选、冶炼、制造等）、能源（含煤炭、石油、化工等）和高新技术（含电子信息、节能环保、现代农业等）三条垂直产业链，对照133行业细分上游原料、中游制造和下游消费行业，分群组监测实测负荷和可调控负荷变化规律，量化感知负荷管理措施影响范围，为策略优化调整提供决策参考。二是强化资源标签管理，按照标签来源、属性实施分类管理，对于用户所属线路、变压器容量、行业类别等“基础档案标签”自动从营销2.0业扩档案同步，针对人为排查形成的“个性化标签”，依托用电检查、负控运维、大客户走访等契机开展常态化核对，确保数据唯一可信。同时，系统支持对用户多维标签进行“组合筛选”，便于关联信息穿透聚类分析。三是建立履约评价体系，除常规排查外，安徽公司高度重视实战样本的采集，针对负荷管理措施执行期间参与用户的认约量、实际执行量、执行时段、调节速率等建立跟踪参数模型，通过系统AI一键体检辨识功能建立履约积分体系，将需求响应、有序用电用户区分优质、良好和一般三种类别，便于分类施策开展资源管理和政策引导。

△强化业务技能培训，提升现场排查质效

一是编制作业流程规范。及时建立负荷排查标准化作业流程，明确企业生产方式、设备特性、工艺流程等信息收集方式，编制《负荷资源排查指导手册》，支撑客户经理准确评估填报排查信息。二是提升人员业务素质。组织召开工作部署会，统一思想认识，明确市公司负荷资源排查“关键人”，由点及面普及开展轮训、实训，累计参培3000余人次，确保一线客户经理切实掌握业务流程。三是深化典型成果应用。对照十一大行业规模化排查成果，梳理形成“典型行业负荷资源参考对照表”，列写主要设备信息、可调负荷类别及占比等通用信息，方便现场排查人员比照选择、校核结果，负荷排查效率提升40%。

△规范第三方资源接入

安徽公司积极开展新兴市场主体运行模式研究，会同省能源局统一研究制定负荷聚合商、虚拟电厂等间接代理负荷资源的接入、调试、验收、数据安全测评等规范标准，确保其安全可靠接入新型负荷管理系统，同时推动以能源保供办名义印发《关于加强电力保供负荷管理执行工作的通知》，明确代理负荷资源足量执行负荷管理措施的责任义务（图2–1–2）。以阳光电源虚拟电厂为例，在完成资质审查、系统接口开发、测试

图2–1–2　安徽电网开展负荷管理模拟实战演练

联调、安全验证后，阳光电源自建能效服务平台接入安徽省新型负荷管理系统，该虚拟电厂共代理3户、1.54万千瓦负荷资源，作为“单个用户”

参与需求响应，并负责督导其聚合的用户，确保执行到位。阳光电源根据整体有效响应情况获取需求响应补贴，结合代理协议分成比例及用户协商结果，自行确定清分明细，并提供相关资料至供电公司。

2023年1月以来，受连续低温寒潮天气多发、外出务工人员返乡、防疫措施优化调整等多重因素影响，安徽冬季用电需求迅速增长。为提升供电服务保障水平，国网安徽省电力有限公司依托新型电力负荷管理系统，利用省、市两级负荷管理中心，扎实开展模拟实战演练、强化运行监测、调研掌握重点客户生产安排等工作，做好度冬负荷管理工作。

★河南省开展负荷管理与负荷排查业务情况

△建立健全负荷排查工作机制

一是加强政企协同，促请政策支持。促请政府印发《河南省煤电油气运厅际联席会议关于做好2023年能源电力迎峰度夏工作的通知》，明确政企协同全面摸清各地区电力用户行业分类、生产及负荷特性，重点掌握需求响应、可中断负荷等需求侧资源，夯实负荷资源管理政策保障，高效推动负荷资源排查工作。

二是组建工作专班，印发专项方案。制定印发《河南省专项排查方案》，成立以公司副总经理为组长的领导组，统筹协调专项排查中重大问题，同时下设三个工作组，各组按照领导组部署，有序推进负荷资源排查工作。同时结合河南省各地市的产业结构、行业资源禀赋等因素，细化分解重点行业研究任务，依托省市电力负荷管理中心，构建省市一体化负荷资源排查格局。

三是安排专项资金，超前启动排查。安排列支专项排查资金，聘请第三方专业排查团队，协助地市公司开展3600户负荷资源排查，形成“一户一策”报告；组织开展两轮次负荷排查督导会议，加强专项排查工作质量管控，为今年负荷管理、能效服务提供数据支持，同时形成了排查工作新机制。

四是开展全面培训，提升业务水平。3月份组织召开全省负荷排查部署会，做好负荷排查工作动员，宣贯总部排查方案，确定五个方面15项重点工作内容，确保关键岗位和一线客户经理懂政策、能讲透、会排查。线下依托省市负荷管理中心联动座谈，开展负荷排查专项培训会，及时解答解决基层人员排查中遇到的问题，服务基层人员高效开展排查工作。

五是强化系统建设，助力精准摸排。首批实现排查工具PC端和豫电助手端上线运行。在国网标准功能设计基础上，创新设计典型行业生产工序图库及主要生产设备库，有效引导排查人员现场填报，优化完善13项系统功能，研究增补6项数据校验规则，助力基层精准开展排查，有效促进系统数据归真。

△负荷资源排查整体情况

按照总部负荷排查工作部署，河南公司高质量推进铝冶炼、水泥制造两个重点行业负荷特性研究工作。一是凝聚多方力量，建立研究团队。邀请相关行业协会和高校专家参与负荷特性研究，组建涵盖省市电力负荷管理中心、行业协会、高校专家、台区经理全方位多层次的研究团队，为研究工作打下坚实组织基础。二是确定用户清单，有序开展排查。结合营销系统用户档案及行业协会专家建议，筛选行业典型用户，涵盖不同电压等级及不同生产工序（工艺），联合行业协会、市负荷管理中心开展现场排查，形成行业用户“一户一策”报告。三是归纳排查成果，编制研究报告。归纳总结现场排查成果，编制行业负荷特性研究报告，整理形成主要用电设备负荷特性表和用电负荷信息模型，为负荷模型构建提供数据基础。四是开展报告评审，完善研究成果。邀请省发改委运行局局长、河南省有色金属行业协会副会长、河南省建筑材料工程协会秘书长等专家对负荷特性研究报告进行评审，根据评审意见，进一步完善负荷特性研究报告，使研究成果更具普适性。

2022年夏季，国网河南电力公司面对全省用电负荷攀升的情况，坚持政企协同、科学预警，在国家发展改革委、河南省政府、国家电网公司部署下，果断实施负荷管理，保障了大电网安全稳定度过尖峰时段，守住了民生用电底线。尤其是8月中旬，全省用电负荷异常紧张的情况下，河南电力分类施策精准调控负荷，取得显著成效。2022年9月以来，国网河南电力全面梳理总结度夏保供电工作经验，针对出现的问题制订整改措施，及早启动迎峰度冬负荷管理准备工作，配合政府部门编制了《“1+18”迎峰度冬负荷管理预案》，全面覆盖全省17个地市、1个升级产城融合示范区，共涉及6.7万户工业企业和工商业客户（图2–1–3）。

图2–1–3　河南电网开展负荷管理业务

二、分析建议

通过对山东、安徽及河南在负荷管理与负荷排查业务工作方面的分析，建议陕西公司采取以下措施：

★建立健全的负荷排查工作机制，以统筹的方式推进负荷资源的排查。这包括抓好工作的整体规划，组建专门的工作团队，并强化排查工作的培训。

★强化排查工作的进度和质量管控，制定更完善的工作标准。建立审核机制以确保数据的规范性，并加强进度的监控。

★加强信息系统的支撑能力，进行数据溯源分析。这包括完善系统功能，构建产业链关系网络，并强化标签管理。

★优化负荷接入的业务流程，规范负荷接入的现场管理。明确各个部门的职责，以解决分路负荷接入的问题。制定负荷接入工作的标准化作业指导书，加强业务技能的培训，提升现场排查的效率和质量。

★持续推进空调负荷的接入工作。建议相关部门出台专项政策，合理评估工商业空调负荷的规模，并加强空调负荷的监测和调节。

★贯通源网荷储的全要素数据，建立负荷资源的标签体系，展示客户全要素资源，并进行数据延时治理。

建议旨在帮助陕西公司在负荷管理与负荷排查业务工作方面实现更高的效率和准确性。

第二篇　需求响应业务

一、应用场景

★山东省开展需求响应业务情况

2023年，山东省发展和改革委员会、山东省能源局联合发布《2023年全省电力市场化需求响应工作方案》，明确提出加强电力负荷管理，建立健全电力市场化交易模式下的需求响应机制，确保电网安全运行，围绕现有电力中长期市场和现货市场功能与组织流程，构建涵盖需求响应容量竞价和电能量激励的需求响应市场结构，激励负荷聚合商、虚拟电厂运营商、储能运营商等各类主体主动参与电力需求响应，充分发挥需求响应常态化保供稳价作用，切实做到保电力安全与保经济增长统筹兼顾。2023年削峰、填谷需求响应资源池规模分别达到1000万千瓦、400万千瓦以上，实际削峰、填谷响应能力分别达到600万千瓦、150万千瓦以上。

近年来，国网山东电力持续深化“政府主导、电网组织、政企协同、企业实施”工作机制，在负荷管理工作中创新探索，充分挖掘新能源汽车、用户侧储能以及楼宇空调、工业园区等用户侧可调节资源，引导可调节资源参与电力需求响应，持续提升新能源消纳水平和电力系统平衡能力。2023年1月20日至25日，山东电网连续6天组织开展紧急型填谷电力需求响应，参与用户2572户次，最大填谷响应负荷93.92万千瓦，增加新能源电力消纳2344.08万千瓦时。吸引电采暖居民用户参与填谷响应、新能源汽车车主和分布式光伏用户通过虚拟电厂聚合参与响应，是山东电网此次填谷电力需求响应的创新和突破（图2–2–1）。

图2–2–1　供电公司上门了解企业用电需求和可调节负荷情况

★安徽省开展需求响应业务情况

2023年，《安徽省能源局关于进一步做好电力需求响应工作的通知》明确放宽需求响应申报范围，优化需求响应参与方式，完善需求响应效果评估方法，修改备用容量效果评估等要求，调整响应补偿标准和发放方式。鼓励负荷聚合商代理用电报装容量1000千伏安及以下工商业用户和用户侧储能、电动汽车、空调、基站等新兴负荷资源，单个负荷聚合商的响应能力原则上不低于5000千瓦；虚拟电厂运营商需具备上述负荷聚合商条件，可聚合不同空间的快速可调节负荷、分布式电源等资源，实现自主协调优化控制，参与电力系统运行。提出加快推进实时需求响应能力建设，鼓励负荷聚合商代理楼宇空调、城市景观照明、5G基站、用户侧储能、电动汽车等灵活资源参与实时需求响应。

2023年夏季，安徽省用电负荷持续增大，安徽多措并举调节电力供需平衡，保障电力迎峰度夏顺利进行。结合用电负荷增长情况，各地企业积极参与用电需求响应，多家公司与宁国市供电公司签订电力需求响应委托协议。截至2023年7月底，需求响应市场注册用户达159户，新型负管系统已建成132户，具备28.29万千瓦的自主响应调节能力，实现电力资源的合理化配置和供需平衡（图2–2–2）。

图2–2–2　安徽省2023年7月开展需求响应情况

二、分析建议

通过对山东省、安徽省需求响应工作的分析，建议陕西公司进一步探索电力需求侧响应机制，推动市场主体参与，充分挖掘需求侧资源。为拓宽实施范围，应支持可调节负荷资源参与市场交易和系统运行调节，同时加强安全监管，建立分级分类清单，形成动态需求响应资源库。

在优化参与方式方面，应放宽需求响应申报范围，完善效果评估方法，并调整补偿标准和发放方式。此外，鼓励聚合商代理用电报装容量1000千伏安及以下工商业用户和新兴负荷资源，单个聚合商响应能力不低于5000千瓦。虚拟电厂运营商需具备聚合商条件，可聚合不同空间资源参与实时需求响应。

通过以上措施，陕西公司可以进一步推动电力需求侧响应工作的开展，提高电力系统的稳定性和可靠性。

第三篇　有序用电业务

一、应用场景

★安徽省开展有序用电业务情况

铜陵地区电网最大负荷达到152.01万千瓦，同比2020年最大负荷148.83万千瓦增长2.13%，创历史新高。随着气温升高，面对负荷持续增长带来的供电压力，铜陵供电公司积极做好有序用电工作。

一是调研打底，“画像”更精准。铜陵供电公司首次打破按“容量属性”和“行业特性”定调的有序用电方式，安排客户经理做好前期“画像”，通过对用电客户实施“一对一”走访调研，详细了解用户用电特性、生产计划、可中断负荷等信息，筛选出122户用电客户参与今年有序用电。按照“定负荷、定时段、定设备、定人员”的要求，签订有序用电责任书。以5户为1组，指定一名客户经理负责有序用电联络、监督，督促客户严格按照有序用电错避峰要求控制负荷。开展有序用电方案演练，完善启动预案，确保有序用电启动执行期间用电负荷“限得下、用得上”，杜绝发生随意拉公用线路造成大面积停电。二是政府牵头，动员更有力。铜陵供电公司促请铜陵市政府，组织市发改委等政府相关部门、发电集团、供电公司、各大电力用户召开迎峰度夏会议，做好有序用电工作动员。编制《铜陵电网2021年有序用电方案》，并与市发改委联合发文，成立工作领导小组，明确工作职责。组织召开2021年铜陵电网有序用电客户座谈会，进一步向一般工商业客户宣传有序用电的重要意义，动员不在有序用电计划名单中的一般工商业用户履行社会职责，主动做好有序用电启动准备。三是专业协同，执行更刚性。该公司以“两加强一督办”，推动执行上更专业、更刚性。加强人员培训，开展营销、供电服务中心等有序用电责任人员培训，确保有序用电相关责任人员熟知职责、流程、所负责客户信息。加强调控、营销等专业协同，优化会商、预警、启动、反馈机制，确保有序用电启动时告知到位、督促到位、负荷压降到位、信息反馈到位。有序用电启动期间，对重点用户实行客户经理驻厂督办机制，联合市发改委督促有序用电用户按方案要求组织生产、削峰填谷，严格执行错避峰负荷指令，不出现负荷压降延迟、打折扣现象。

2022年9月22日，安徽省出现电力缺口，为保障全省电力安全稳定供应，安徽省于9月21日晚启动有序用电方案，要求各市以保民生、保重点为底线，优先安排高耗能、高排放企业避峰让电，尽量减少对经济社会发展的影响，主动关停景观照明和亮化工程，倡导全社会科学用电、合理用电、节约用电，党政机关带头节约用电（图2–3–1）。安徽省能源局组织

图2–3–1　安徽省启动有序用电方案

电网企业密切跟踪天气变化，准确研判负荷、可用发电能力、供需缺口，积极争取省外电力支援，并加强对发电企业协调督导，及时发起电煤和供需预警，在实施有序用电过程中坚持“保民生、保重点、保重要用户”，尽最大可能把影响降到最低。

★广东省开展有序用电业务情况

受气温持续升高影响，电力需求增长，全省出现电力供应紧张情况。面对严峻形势，南方电网广东肇庆供电局坚定落实“我为群众办实事”要求，自5月起在全市范围内启动有序用电工作，通过持续优化完善现代供电服务体系建设，合理安排错峰轮休计划，引导工业用户科学安排生产计划，全力服务地方经济发展大局。据统计，在全市错峰达35天的情况下，肇庆工业用电量增速逆势上扬，5月至7月同比分别增长20.61%、18.43%、11.53%，实现了对全市居民用电、在建重点项目、招商引资落地项目三个“零影响”。

一是精细化错峰将影响降到最低。“在肇庆市发改局的指导下，肇庆供电局组织全市工业用户科学合理实施有序用电，将精准错峰措施落到实处。”肇庆供电局市场营销部总经理梁柱表示，肇庆市有序用电指标基于“公平优先，兼顾效益”原则，由市发改局根据各县（市、区）GDP产出影响系数等因素进行分配并联合工信、税务等部门和供电局对全市各县（市、区）产业落地情况、招商重点项目分布以及支柱产业用电特点进行梳理，制定《优先保障电力供应重点工业企业清单》的同时，再由政府部门调动各镇街力量加入有序用电专项工作小组中，有效落实用电指标的精细化分配和刚性执行。值得一提的是，肇庆市的精细化错峰方案在优先保障民生用电、重要公用事业用电、公益性服务用电的前提下，还充分按照肇庆市加快形成“4+4”制造业发展格局的战略部署，强调重点保障战略性新兴产业、先进制造业用电，力争将有序用电对地区经济发展的影响降到最低。二是政企合作为工业企业提供最贴心服务。在市发改局指导下，德庆县发改局协调组织相关部门和德庆供电局高效协同联动，召开有序用电工作研讨会，明确有序用电的刚性执行，并综合考虑用户特性、能耗、产值、税收贡献等因素，严格审核错峰轮休清单，引导客户调整生产计划。按照肇庆市的部署，德庆供电局以“全县电量一盘棋”为主策略，收集客户意见建议，鼓励企业主动申报需求侧响应，确保制定出对企业生产影响最小的错峰方案并切实落实到位，赢得了工业用户的支持和理解。位于德庆县的肇庆德通有限公司便在供电部门的建议下将部分生产时间调整到了夜间，不仅确保完成生产任务，还享受到更多谷期电价优惠。企业生产发展不受影响的同时还降低了成本。三是专班服务为项目建设提速赋能。为进一步助力瑞庆时代项目建设，肇庆供电局成立电力服务专班，发动计划发展部、市场营销部、基建部等业务部门全体党员主动揭榜、认领任务，让重大项目建设单位出现问题时能第一时间找到人、找对人，推动重大项目加快建成落地。加快重点项目配套电网规划建设，全面释放新增用电需求，打好电力储备提前仗，是该局落实“错峰不减产”的又一有力举措。

目前，310个省市重点项目中需电网规划配套的重点项目有109项，已100%完成规划对接、立项等工作，确保新引进项目与电力设施建设同步建成、同步投产，加快产业落地进程，确保有序用电对招商引资落地项目“零影响”。

2021年5月以来，持续的高温天气和经济强劲复苏使广东省的用电需求大幅攀升，广东省各地纷纷制定方案协调有序用电，21个地市在4月底前先后发布了本市有序用电预案，当启动有序用电预案时，相关生产企业

根据方案调整开工安排。（图2–3–2）发电厂的机组开足马力发电，东西

图2–3–2　广东省启动有序用电方案

部电力最大限度地跨区域调动，南方电网安排溪洛渡、乌东德等水电站进行了点对网电厂顶峰运行，发电量超出月计划1.2亿千瓦时；云南省有关水电企业根据各自情况实现了超计划发电，增加对广东省的供电量。以精细化管理节电挖潜的工作也全面铺开。广东省能源局倡议第三产业用户在用电高峰时段合理减少用电负荷，广东电网将需求响应纳入电力现货市场，以价格信号引导用户参与“削峰填谷”。

二、分析建议

通过对安徽公司和广东公司有序用电工作的分析，建议陕西公司采取以下措施：

★做好调研及企业“画像”，精细化错峰以降低影响。通过实施“一对一”走访调研，详细了解用电客户的用电特性、生产计划、可中断

负荷等详细信息，对企业进行标签化，形成企业“画像”。筛选出用电客户参与今年有序用电，并签订责任书。

★促请政府组织发改委等政府相关部门、发电集团、供电公司、各大电力用户召开迎峰度夏会议，做好有序用电工作动员。政企合作为工业提供最贴心服务。

★专业协同，专班服务为业务赋能。加强人员培训，开展营销、供电服务中心等有序用电责任人员培训，确保有序用电相关责任人员熟知职责、流程、所负责客户信息。

第四篇　节约用电业务

一、应用场景

★宁夏回族自治区开展节约用电业务情况

近日，在国网银川供电公司的推动下，国网宁夏综合能源公司与贺兰县人民政府正式签订公共机构能源托管合作协议，这是国网宁夏电力公司首个公共机构领域能源托管合作协议。

按照此次签约协议内容，将在贺兰县综合性区域、产业园区、企事业单位等六类试点对象中，围绕建筑用能管理智能化、分布式光伏建设、配电室智能化运维三个方面进行建设合作，在数据服务、运维收益、社会效益、客户收益、运维效率方面实现提升，共同推动地区公共机构绿色低碳引领行动，促进地区实现“双碳”目标。

前期，国网银川供电公司推进与贺兰工业园区管委会签订“供电+能效服务”合作协议、建设阅海CBD智能微网示范项目、实施贺兰县政务大厅节能改造及能源托管服务项目，为地区公共机构实现节能降碳提供了非常宝贵的发展经验，也为此次签约奠定了坚实的基础。贺兰县委、县政府充分肯定了银川供电公司对贺兰县电力事业和优化营商环境给予的帮助和支持。

此次协议的签订将进一步深化国网银川供电公司、国网宁夏综合能源公司与贺兰县人民政府的合作，进一步推进“政企联动”新模式，持续深耕“供电+能效服务”。下一步，合作方将对贺兰县人民政府大楼进行系统节能改造，提升建筑整体能源利用效率，将贺兰县人民政府大楼打造成绿色、节能、低碳的公共机构节能示范项目，为宁夏地区公共机构实施合同能源管理创造可复制、可推广的示范样板工程，推动全区打造节约型机关建设，助推地区“双碳”目标实现（图2–4–1）。

图2–4–1　宁夏贺兰工业园区“供电+能效”推进宣贯会

★重庆市开展节约用电业务情况

文明用电，科学节能，共建共享绿色低碳美好家园

▲五大领域量化节电。推动政府针对公共机构、市属国企、商业综合体、写字楼、公共交通等五大领域建立“一楼一指标”管控机制，按照“应纳尽纳”的原则，全面梳理节电执行清单，制定“一户一策”节电方案，细化节电措施至设备级，力争节电成效达到30万—40万千瓦。

▲居民用户深度节电。深入分析212万户用电负荷超2千瓦的居民用户，制定4大类12项居民节约用电措施。

△倡导节能用电。率先在公司开展节电活动；推动进单位、进企业、进园区、进商超、进社区、进校园“六进”宣讲，营造全社会节电氛围。

△推动错峰用电。促请政府出台居民分时电价政策，引导居民调整家庭用电习惯；推动居民充电桩客户应用新能源汽车“预约充电”功能，在夜间谷段充电，转移充电负荷。

△引导外出避暑。避暑地与高负荷区县签订结对协议，制定“一避暑地一方案”，出台避暑激励政策，鼓励机关企事业单位员工集中休假；开放1437个集中纳凉点，推动1906个消暑降温场所延长夜间营业时间，缓解高峰压力。

△提升用电能效。联合空调企业、家政服务平台、社区物业等机构，开展居民空调清洗、以旧换新活动，提升空调运行能效10%—20%。

2023年7月，重庆市迎来炎夏天气，生产生活的电力需求持续增加，全市倡导全社会理解和配合节约用电，凝聚迎峰度夏电力保供合力（图2–4–2）。重庆日报开设《战高温、保供电》专栏，对全市各行各业应对迎

图2–4–2　重庆市2023年迎峰度夏节约用电宣传活动集中启动仪式

峰度夏电力保供开展的具体措施等进行报道。7月5日，重庆市2023年迎峰度夏节约用电宣传活动集中启动仪式在解放碑步行街举行，全市各区县（开发区）同步举行启动仪式。此次宣传活动以“节约用电，你我同行”为主题，在7至8月期间，围绕工业、商贸、机关企事业单位、交通运输、卫生健康、教育、城乡建设、社区居民8个重点领域开展一揽子节约用电宣传活动，推广普及各类节约用电好举措、好办法，推动全市形成绿色低碳的生产生活方式。

二、分析建议

通过对宁夏公司和重庆公司节约用电工作的研究，我们建议陕西公司采取以下措施：

▲在五大领域实施量化节电。政府应针对公共机构、市属国企、商业综合体、写字楼、公共交通五大领域，建立“一楼一指标”的管控机制，并制定“一户一策”的节电方案，以确保有效节约电力。

▲推动居民用户深度节电。我们应倡导节能用电，推动错峰用电，提高用电能效，实现电力资源的有效节约。

以上建议旨在促进陕西公司节约用电工作的开展，以实现电力资源的合理利用和能源的可持续发展。

第五篇　虚拟电厂业务

一、应用场景

★江苏省开展虚拟电厂业务情况

△省级需求侧管理系统

江苏省从20世纪90年代着手建设基于需求响应的负荷控制系统，经过多年的建设和完善，江苏电力公司于2015年开通需求响应中心业务支撑平台，该平台对江苏省电网削峰填谷需求响应提供了有力支撑。该项目的参与主体为普通工业用户负荷集成商、储能站、电动汽车、5G基站等。2015年参与的独立用户513户，参与的负荷集成商8家，日最高响应负荷能力为188万千瓦。目前，该平台已实现50千伏安以上容量用户的负荷监测全覆盖。

在商业模式方面，该项目专注于满足削峰填谷需求。作为需求响应中心业务的支持平台，该项目的主要应用场景是江苏省内的削峰填谷需求响应。削峰方面，江苏省于2015年首次实施全省范围的需求响应，日最高响应负荷188.75万千瓦。次年，该平台成功支撑了世界最大规模需求响应，响应总量达344.75万千瓦，有效降低电网峰谷差18.47%。填谷方面，江苏省自2018年以来在国庆、春节负荷低谷时段创新开展填谷需求响应，最大规模257万千瓦，共计促进新能源消纳3.38亿千瓦时。

◎源网荷友好互动系统

为确保大电网安全运行，在江苏省经信委等政府相关部门指导下，江苏省电力公司试点建设了大规模源网荷友好互动系统。该平台于2017年5月正式投入运行，并于当月在苏州完成了用户侧零误跳的实切验证，实际参与用户245户，精准切负荷300万千瓦，充分验证了系统的可靠性及其友好互动性。2018年，项目具备260万千瓦毫秒级、376万千瓦秒级可中断负荷精准控制容量、417.5万千瓦实时负荷调控能力，可提升特高压直流送电能力154万千瓦。

作为国内首套基于实时可中断负荷快速响应的负荷管理系统，该系统通过对负荷资源的分类、分级、分区域管理，将“源—网—荷”系统的应急处理速度从原先的分钟级提升至毫秒级，可精准控制到用户的特定负荷。可中断负荷由用电客户自主选择，如空调、部分照明用电，被切除后安全保障用电不受任何影响，最大程度保障企业产能和电网设备安全，降低负面影响。项目已累计增供电量49.896亿千瓦时、累计新增销售额27.443亿元、累计新增利润1.247亿元，年增利润约8400万元。在负荷控制能力方面，相当于4台百万千瓦火电机组，节省投资126.4亿元，经济和环境效益显著。

2023年8月25日，江苏苏州零碳智慧虚拟电厂接入江苏电网调度控制系统上线运行。该虚拟电厂目前已聚合了区域内分布式光伏、储能电站、空调负荷、充电桩和重卡换电站等多种类型资源，接入超过250家工商业企业，实现主网、配网、微网协同实时调度，运行总负荷超过70万千瓦，可调负荷约20万千瓦。该虚拟电厂由苏州供电公司和国家电投江苏公司于2022年9月开始建设，当年12月启动试运行，总投资仅为同等规模火电机组投资的1/8。此外，该虚拟电厂纳入了许多分布式新能源场站和新型储能装置、新能源汽车充电设施等，既可以向电力系统供电，又能消纳电力，还能作为市场主体参与电力交易。分布式能源由于点多、量少等特点，以往无法参与电力市场交易，零碳智慧虚拟电厂将分散的电力资源打包参与市场交易，可促进清洁电力就地消纳（图2–5–1）。

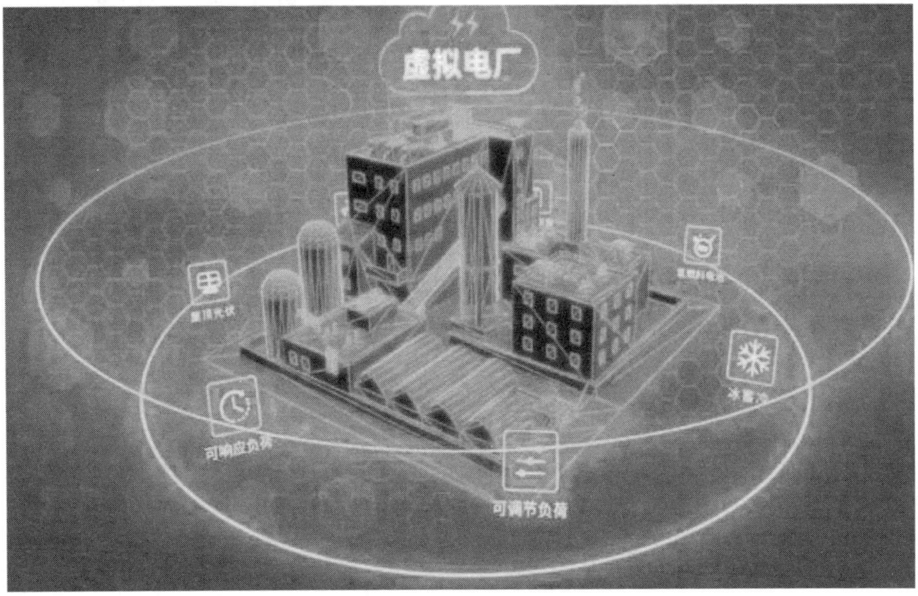

图2–5–1　虚拟电厂生态圈

★浙江省开展虚拟电厂业务情况

浙江电力虚拟电厂的发展处于全国前列，涌现出一批试点项目，如华能浙江虚拟电厂、金华全域虚拟电厂、宁波虚拟电厂、丽水绿色能源虚拟电厂、平湖市域虚拟电厂等。

2023年，国网浙江电力牵头，正在编制国标《虚拟电厂管理规范》。目前，浙江省谋划构建完成了“1国标+3行标”系列标准体系，以调度管理模式、市场运行体系、新型电力系统建设、网络安全要求、国家宏观政策等为出发点，系统设计建立了“中国特色虚拟电厂”浙江模式，为全国虚拟电厂建设提供浙江方案。

△华能浙江虚拟电厂

华能浙江虚拟电厂平台又名为“华能浙江能源聚合中心”，项目1号机组于2022年11月顺利完成72小时试运行，具备常态化接收省调自动发电控制（AGC）指令并参与系统调节的能力，是全国首台（套）接入调度系统参与实时响应调节的虚拟电厂。该项目由华能集团牵头，在浙江能源监管办组织省电力公司、交易中心、调控中心、华能能源服务有限公司等单位的共同努力下开展。

华能浙江虚拟电厂广泛聚集浙江省内各地的分布式电源、新型储能、充换电站、楼宇空调等多元化需求侧可调节资源，聚合了6万千瓦左右的灵活性资源，常态化调节能力为2.5万千瓦。华能浙江虚拟电厂平台将实时的调度指令进行优化分解，分配给位于浙江省不同城市的虚拟电厂终端，这些虚拟电厂可参与电力系统的调峰、调频、备用电力以及需求侧响应等辅助服务，以协助电网维持稳定运行（图2–5–2）。

图2–5–2　华能浙江虚拟电厂

华能浙江虚拟电厂平台的建设在调控技术、运行策略等方面形成了诸多创新点，具体包括：①多类型资源优化聚合调节以及在线自动调控。②全流程全闭环AGC实时调节。③虚拟电厂功率控制秒级响应。④应用5G、北斗作为接入资源的主要通信技术。⑤实现虚拟电厂参与现货市场辅助服务、电能量市场的优化运行策略。⑥区块链技术应用于电力控制大区。⑦成功研制专门用于虚拟电厂资源接入，多功能、即插即用的终端设备。

★宁夏回族自治区开展虚拟电厂业务情况

作为国内首个新能源综合示范区，宁夏正在加快推进虚拟电厂建设，接连印发了《虚拟电厂建设工作方案（试行）》《宁夏回族自治区虚拟电厂运营管理细则》，制定了“三步走”阶段性建设方案，全面支持虚拟电厂建设（图2-5-3）。

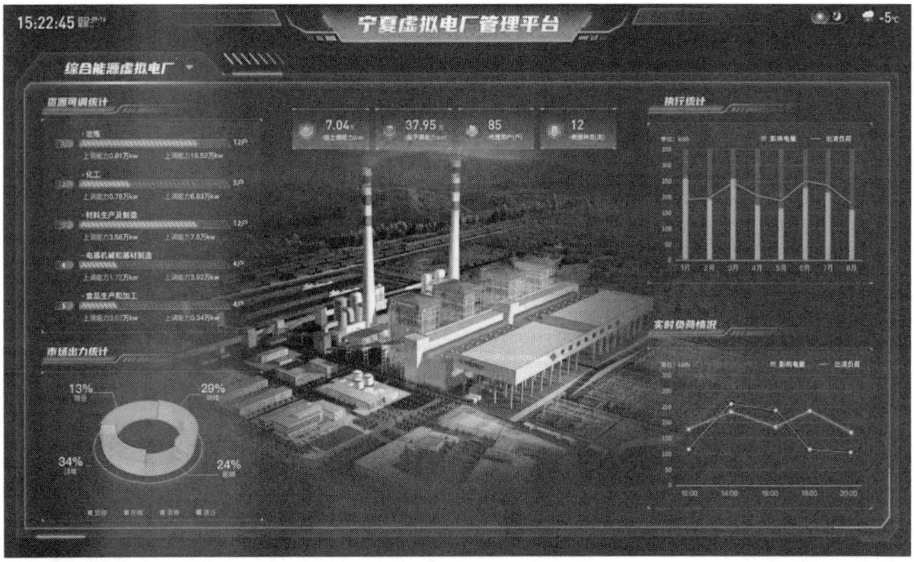

图2-5-3　宁夏虚拟电厂管理平台

△宁夏虚拟电厂运营管理平台建设

围绕虚拟电厂参与“需求响应—辅助服务—现货中长期”全市场运营工作，在调研国内先进省份虚拟电厂参与电力系统运行和电力市场交易技术现状的基础之上，结合虚拟电厂管理平台针对市场交易、事件管理、可调节资源评估等方面开展优化分析，对系统功能应用进行深化完善，在常态化开展系统维护的基础上保障系统安全可靠运行。同时，还将进行虚拟电厂资源接入技术验证与测试及调节性能评估，结合实际接入的负荷特性，对平台接入的各类可调节资源潜力进行评估，实现灵活资源调节能力的最大化。

通过多维度分析虚拟电厂可调度分布式资源参与电力市场面临的风险，明确各层级设备的分析功能要求、信息交互及安全防护要求，对虚拟电厂运营管理平台进行运行维护，进一步支撑优化虚拟电厂建设工作。目前宁夏虚拟电厂管理平台已接入宁夏综合能源公司、宁夏电动汽车公司、西安广林汇智能源3家虚拟电厂运营商，与宝丰能源、宁国储和特来电等6家虚拟电厂建立接口交互，正在办理准入。截至2023年10月，已接入充电桩、冷链物流、冶炼、化工和微电网等13类资源，聚合负荷侧资源约83.09万千瓦，可上调能力8.26万千瓦，可下调能力42.3万千瓦，可调节容量占聚合规模约51%。

△宁夏虚拟电厂运营管理细则发布

2023年12月11日，宁夏回族自治区发改委发布《宁夏回族自治区虚拟电厂运营管理细则》（以下简称《细则》），培育健康可持续发展的虚拟电厂生态圈。《细则》以规范虚拟电厂管理工作，充分发挥各类灵活调节资源的调节能力，保障宁夏电网安全、稳定、经济运行为目标，指导自治区内虚拟电厂的建设、运营、管理，指导自治区虚拟电厂参与电力电量平衡和市场交易相关活动。《细则》明确虚拟电厂行政管理、监管、建设和运维、参与市场交易等工作的主管单位；规定国网宁夏建设统一的虚拟电厂管理平台，实现全区虚拟电厂的统一接入、统一管理和统一服务；虚拟电厂聚合运营系统由运营商自行建设。此外，《细则》对虚拟电厂参与电力市场交易、运行、代理方式、结算、评价、退出、信息披露等环节均给出较详细的运营管理指引。《细则》鼓励电网、社会资本、电力用户等产业各方积极参与虚拟电厂建设，并通过完善收益分配管理保障各方参与积极性。《细则》鼓励电网企业和社会资本积极参与虚拟电厂的建设，推动虚拟电厂健康有序发展。电力用户负责挖掘自身调节潜力，积极参与虚拟电厂建设。

★深圳市开展虚拟电厂业务情况

深圳虚拟电厂管理平台是国内首家部署于网级调度云、可实现网省两级调度直接调度的虚拟电厂运营管理云平台（图2–5–4）。从2021年

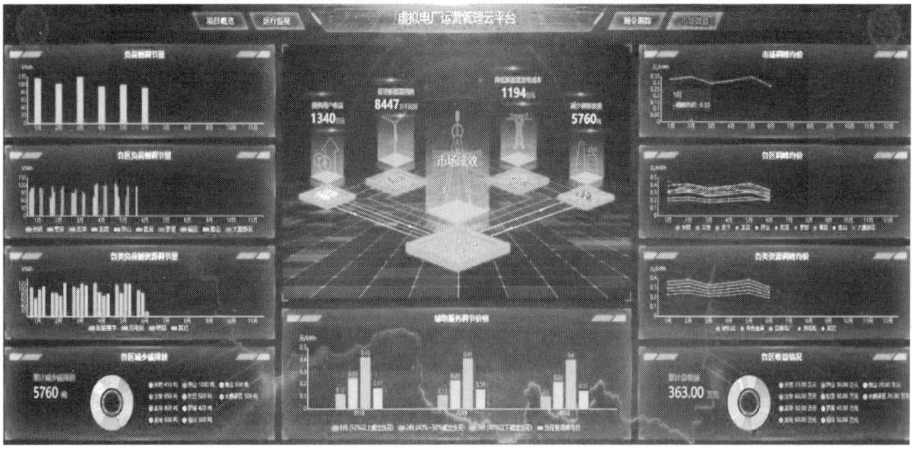

图2–5–4　深圳虚拟电厂运营管理平台

11月底系统验收后正式运行，打通了与调度系统接口，解决了海量互联网资源接入调度的安全防护难题，实现调度系统与用户侧可调节资源的双向

通信，可满足调度对聚合商平台下发96点计划曲线、实时调节指令、在线实时监控等技术要求，并具备监控与组织交易等功能。

△建设虚拟电厂管理中心

《深圳市虚拟电厂精准响应管理办法》《深圳市虚拟电厂精准响应实施细则》《深圳市虚拟电厂精准响应承诺书》等系列文件明确了由深圳虚拟电厂管理中心负责组织开展深圳虚拟电厂运营商注册、精准响应组织、精准响应结算、合约管理、信息披露与报送、培训宣贯等工作。首次基于"站—线—变—户"电网拓扑精准定位虚拟电厂管辖资源，进而实现台区级精准响应的理念，制定和规范了虚拟电厂精准响应启动条件、组织流程、响应价格、基线计算、收益结算、考核机制、分析评价、争议处理等内容，为深圳虚拟电厂的业务运转和规模化发展提供了全方位指导。

2022年8月，深圳虚拟电厂管理中心挂牌成立，采用"互联网+5G+智能网关"的先进通信技术，实现电网调度系统与用户侧可调节资源的双向通信，接入分布式储能、数据中心、充电站、地铁等类型聚合商超过20家，包括华为数字能源、南网电动、特来电等多家深圳企业，接入容量超过100万千瓦。截至2023年10月，深圳虚拟电厂管理平台合作运营商累计78家（新注册30家，包含聚合商73家、通信基站运营商5家）。接入数量超过2.5万个，资源规模超过221万千瓦，可调资源超42万千瓦。

△虚拟电厂调频技术研发

2023年，南方电网深圳供电局联合南网科研院运用5G专用切片技术，在国内首次验证了虚拟电厂调频技术，这标志着深圳虚拟电厂基本具备了实体电厂功能，将有助于提升城市电力保障能力和新能源消纳能力。在此基础上，研发"瀚海"系列国产化自主可控产品，产品围绕虚拟电厂的数据采集，运行控制，并网测试等多个场景，覆盖了加密芯片、安全通信模组、智能终端和测试装置，解决了虚拟电厂并网的多项技术难题，为虚拟电厂技术大规模应用提供一体化解决方案。

△虚拟电厂终端、接入标准制定

虚拟电厂接入方面，南方电网深圳供电局牵头制定《电动汽车充换电设施有序充电和V2G双向能量互动技术规范》和《虚拟电厂终端授信及安全加密技术规范》两项标准，填补了虚拟电厂在电动汽车有序充电和车网互动技术、分布式光伏接入和终端安全加密等技术领域的空白，展示了以虚拟电厂为核心聚合各方优势资源、构建能源产业上下游数字服务新生态的理念。为深圳虚拟电厂常态化参与电网调控提供了制度和资金保障，助力深圳以先行示范标准实现“双碳”目标，也为国内虚拟电厂体制机制建立提供范本（图2–5–5）。

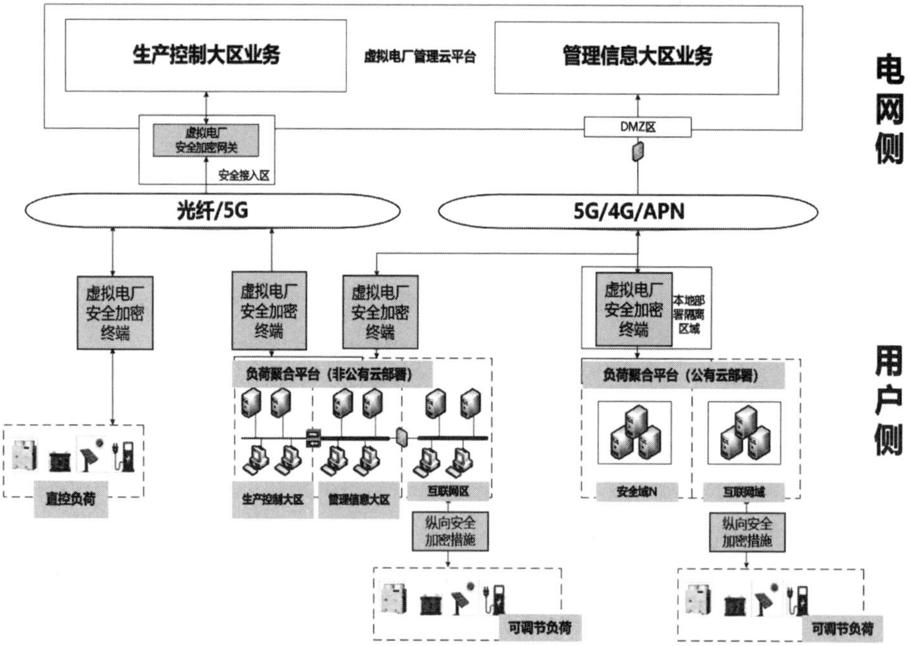

图2–5–5 《虚拟电厂终端授信及安全加密技术规范》整体架构

★上海市开展虚拟电厂业务情况

△上海虚拟电厂运营系统

上海虚拟电厂运营系统由调度系统、电力交易平台、虚拟电厂管理平台三部分构成，通过各平台的协调配合实现虚拟电厂的注册、交易、运行、结算全流程管理（图2–5–6）。虚拟电厂在交易中心平台报价，在调

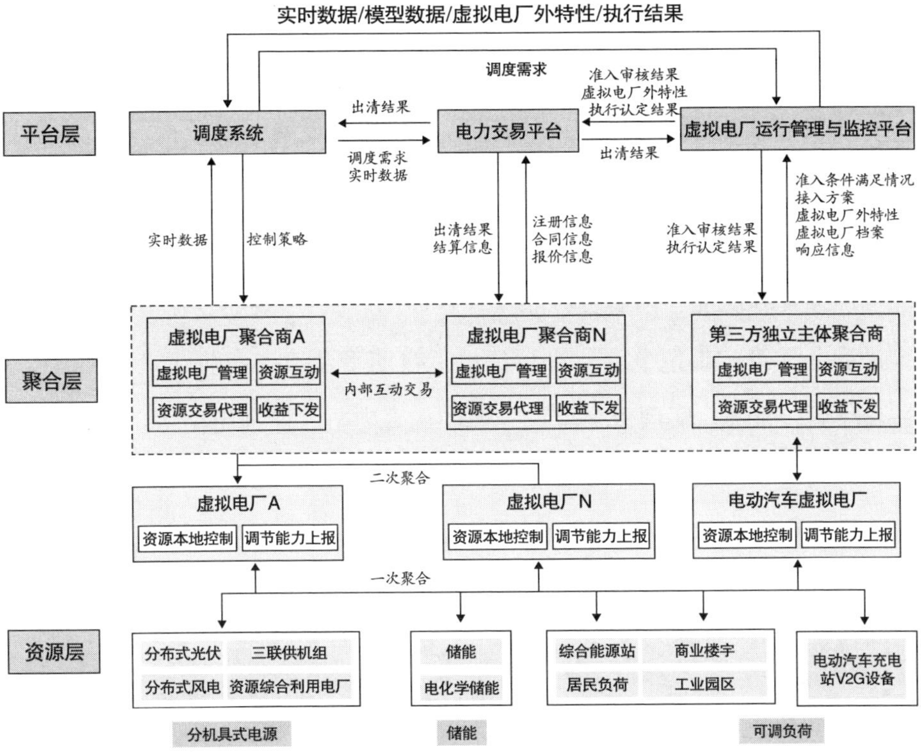

图2–5–6　上海虚拟电厂运营系统架构图

度辅助服务市场系统出清，通过调度/源网荷储系统下发执行曲线，最后在营销虚拟电厂管控平台具体执行的业务流程。上海虚拟电厂将6家虚拟电厂接入调度源网荷储系统，最大可调能力8.83万千瓦，参与互动场景主要是需求响应。其中调度控制平台由调控中心基于D5000系统建设，通过新

建“I区+”虚拟电厂控制与决策模块，实现虚拟电厂信息接入、聚合、监视及调频控制。可根据电网运行情况提出市场需求，具备向虚拟电厂下达控制指令的能力；运营管理平台由营销专业基于公司管理信息大区云资源建设，主要实现虚拟电厂注册管理、虚拟电厂发电资源注册、精准负荷预测、发电任务调度执行、调节能力实时上报、运行效果辅助决策与调节效果考核等。

△黄浦区商业建筑虚拟电厂

上海市需求侧管理中心领导提出在迎峰度夏前，各负荷聚合商需通过自有信息平台，实现实时负荷数据报送，完成与上海市虚拟电厂运管平台的接入工作并验证报送能力。黄浦区进一步扩大资源规模、提升资源性能、加强资源认证、拓展资源品类、延伸用户服务、创新资源发展，大力推进商业建筑“虚拟电厂”平台建设。目前平台接入商业建筑超150幢，覆盖率超过50%，实现楼宇空调、照明、充电桩、储能电池等资源品类全覆盖。同时成为全市首个碳普惠平台应用场景之一，探索并建立了末端商户个体联合参与机制（图2-5-7）。

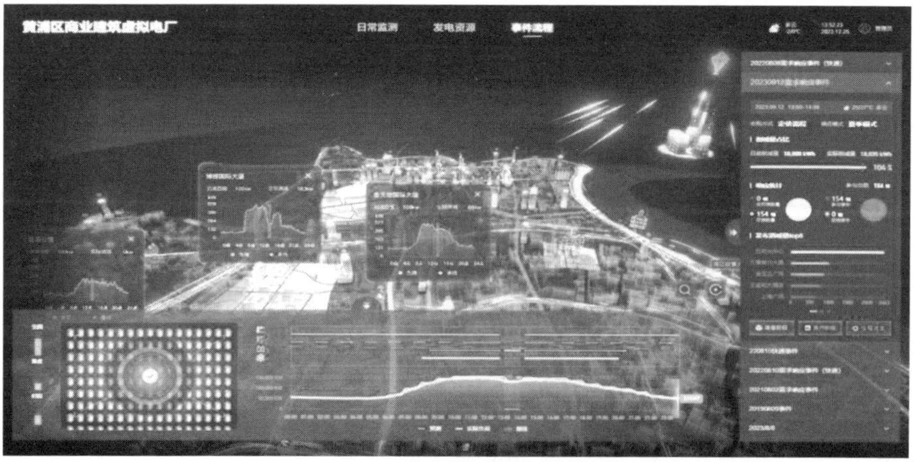

图2-5-7　黄浦区商业建筑虚拟电厂

黄浦区商业建筑虚拟电厂全面开展项目资源调节能力精细化验证，验证基线算法吻合度和调整策略操作精度。通过验证项目资源接入能力和响应策略的测试实操能力，进一步形成温度敏感型、工休敏感型的建筑负荷预测及分类基线操作的响应策略，并根据实操修正策略反馈响应量区间，优化完善虚拟电厂用户操作指导书，提升楼宇精细化需求响应调节能力，达到上海市电力调度要求的削减量目标。

★山西省开展虚拟电厂业务情况

山西虚拟电厂由电力调控中心调度自动化系统/源网荷储调控平台、电力交易中心新一代电力交易平台、营销部省级智慧能源服务平台组成，调度系统、电力交易平台、省级智慧能源服务平台等各业务部门系统各司其职、协同配合，实现虚拟电厂注册入市、市场交易等全流程管理，共同建立现货背景下虚拟电厂市场化运营机制。接入可控资源包括工业可控负荷、光伏、电动汽车、储能等，共聚合容量184.74万千瓦，可调节容量39.2万千瓦，实现虚拟电厂参与电力中长期、现货市场交易。

由营销专业基于省级智慧能源服务平台建设（目前正在迁移至新型电力负荷管理系统），作为虚拟电厂运营管理和数据统一接入的对外公共服务平台，主要功能有：虚拟电厂并网管理、档案管理、运行监视、运行控制、辅助交易、信息公告等。

调度系统负责组织现货市场、辅助服务市场运行，生成现货出清结果及相关辅助服务调控指令，面向虚拟电厂运营商新型市场主体及虚拟电厂参与电力市场交易新需求。

二、分析建议

通过对江苏省、浙江省、宁夏回族自治区、深圳市、上海市虚拟电厂工作的分析，建议陕西公司采取以下措施。

陕西电网整体呈现“北电南供、西电东送、关中强网、陕南强联”的格局。近年来，陕西电网电源侧新能源占比快速增长，预计至2025年底新能源装机规模5950万千瓦，且陕西大基地集中式与分布式电源开发齐头并进，但局部大基地的同时率较高、其类型互补性较低。另外，随着陕西特高压直流落地，直流落点近区的新能源基地缺乏常规电源支撑，电力电子设备渗透率高，单一故障对系统的冲击大幅升高，易引发连锁故障。亟须开展虚拟电厂建设为电网提供应急支撑和灵活调节能力。

★建设虚拟电厂管理平台，应实现电网调度系统与用户侧可调节资源的双向通信，接入分布式储能、数据中心、充电站、地铁等负荷聚合商资源，满足削峰填谷的需求。针对市场交易、事件管理、可调节资源评估等方面开展功能建设，通过虚拟电厂管理平台实现虚拟电厂资源接入技术验证与测试及调节性能评估，结合实际接入的负荷特性，对平台接入的各类可调节资源潜力进行评估，实现灵活资源调节能力的最大化。

★广泛聚集省内各地的分布式电源、新型储能、充换电站、楼宇空调等多元化需求侧可调节资源。虚拟电厂平台将实时的调度指令进行优化分解，分配给位于省内不同城市的虚拟电厂终端，通过参与电力系统的调峰、调频、备用电力以及需求侧响应等辅助服务，以协助电网维持稳定运行。

★加强虚拟电厂的管理。虚拟电厂的管理分为接入管理、运行管理和评价管理三部分。针对接入管理，可参考深圳、宁夏等地区出台的标准、规范等文件，依据《电网虚拟电厂并网运行技术规范》对虚拟电厂接入进行统一管理；针对运行管理，可促请政府出台《虚拟电厂运营管理细则》，进一步明确虚拟电厂的管理责任主体，通过负荷管理系统数据对虚拟电厂资源进行校核验证，明确验证流程；针对评价管理，可结合虚拟电厂管理平台，根据虚拟电厂运行指标监测情况，结合虚拟电厂历史执行情况调取，对虚拟电厂运行效果进行综合评价（图2-5-8）。

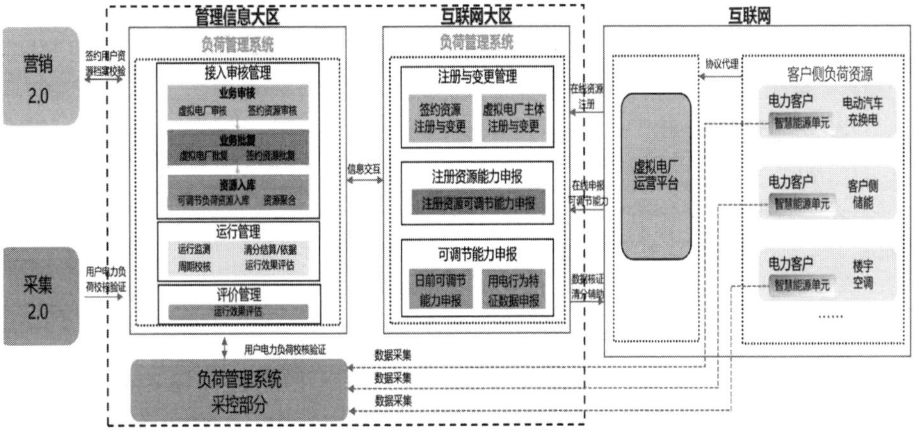

图2-5-8　虚拟电厂管理系统架构图

第六篇　客户侧储能业务

一、应用场景

★上海市开展柏树大厦储能业务情况

△项目介绍

柏树大厦储能项目是上海市区范围内首个面向商业写字楼的基于储能的综合能源示范项目。柏树大厦始建于20世纪90年代，建筑面积49666平方米，系上海市虹口北部区域大型建筑单体。大厦业主方为东浩兰生（集团）有限公司（简称“东浩兰生集团”），是市政府批准成立的大型现代服务业国有骨干企业集团。按照上海市科委与虹口区的规划，柏树大厦自2017年底至2019年2月进行建筑升级改造与业态腾笼换鸟，目前已成为区域板块内的创新中心和大厦改造升级的样板工程。项目于2019年2月建成投运。本次改造新建了一套规模250千瓦/776千瓦时用户侧储能（电）系统，采用宁德时代磷酸铁锂电池，以集装箱撬装形式，放置于大厦东侧、地下停车场入口处绿地上。储能系统接入柏树大厦二层低压配电室内，接入电压等级为400伏。储能系统主要应用于移峰填谷，在电价谷时段进行充电，电价峰时段进行放电，利用峰谷电价差获取经济效益；同时，在用电负荷较高时储能系统放电，降低用户用电的最大负荷，从而降低用户容量费用。

△储能策略

柏树大厦储能系统采用宁德时代磷酸铁锂电池，以集装110箱撬装形式，按照并网不上网，就地消纳的原则进行设计，主要运行方式为并网运行，并由配电网提供电压和频率支撑。储能系统容量为250千瓦/776千瓦时，在谷时段和平时段进行充电，峰时段进行放电，利用峰谷电价差获取经济效益。同时，储能系统也进行容量费用管理，在出现较大负荷时进行放电，从而降低用户用电的最大负荷，预计可以降低最大负荷200千瓦。储能系统全年满充满放循环次数预计为550次左右。

△效益分析

经济效益：储能系统主要功能为利用用户的峰谷电价差获取经济效益，项目总投资约195万元，合同期15年。储能电池峰谷价差模式下的收益约为25万元，根据9：1的分成比例，最终此部分收益约为22万元（未考虑电池容量衰减）。其中储能系统容量费年收益约为9万元，项目投资回收期（所得税后）为7.90年，项目投资财务内部收益率（所得税后）为8.29%。

环境效益：本项目平均每年减少二氧化碳排放100吨。

★上海市开展宝山户用别墅储能业务情况

△项目介绍

该项目位于上海市宝山区，建筑面积400平方米。屋顶分南北两面，北面有遮挡，南面无遮挡、可利用面积约90平方米；别墅线路老化，用电高峰期时常停电。夏季有台风，严重时可能停电。家中有24小时应急照明，停电将无法工作；业主计划安装中央空调和铺设地暖，且购置了监控和新能源汽车，安装了1处充电桩，家庭用电量激增。用户每年耗电31879度。根据上海峰谷时段（峰时段6:00—22:00，谷时段22:00—次日6:00），每年峰时段19513度、谷时段12366度。上海采用“阶梯电价”的计费模式，用户可以选择是否“分时计价”，且有“一户多人口”的优惠政策，户籍须5人及以上，每户每月增加100度的居民阶梯电量基数。该用户申请了

“一户多人口”优惠政策，且选择了分时计费，因而每年电费支出约为22000元。

△储能策略

住宅地四季分明、光照充足，南面屋顶面积合适、无遮挡。且用户想减少电费支出，并保证用电安全。综合考量，建议安装光储系统，实现“备用电源”和“阶梯分时电价”两大功能。即停电时可保证重要负载不断电；减少购电量，尤其是第三阶梯的电费支出，并实现谷时段充电、峰时段放电。

用户屋顶可铺设面积大约有70平方米，再结合当下市面常见的组件类型和用户意见，最终选用晶科400Wp组件，型号为JKM400M-54HL4。综合屋顶面积和家庭用电考虑，铺设32块最适宜。该项目的重要负载有监控、应急照明和冰箱等，用户希望停电时，电池能保证其至少8小时不断电（图2-6-1）。

图2-6-1　户用别墅储能应用场景

△效益分析

经济效益：投资包含设备成本和安装成本。按照12.8千瓦计算需投资73000元，合计约5.7元/瓦。卖电补贴收益1257元。电费从22000元减至

9100元，每年节约12900元。合计每年节约14157元。但系统长期运行存在变量因素，如组件和电池衰减、运维等，实际收益会稍低，可将损失比例设为15%，每年实际收益约12000元，投资回报周期预计为6年。

环境效益：本项目平均每年减少二氧化碳排放24吨。

社会效益：通过安装储能系统，该项目能够降低用户的电费支出，提高能源利用效率，减少对传统能源的依赖，从而促进可再生能源的发展。同时，该项目的实施也能够提供更多的就业机会和经济增长点，有利于当地的经济发展和社会稳定。此外，储能系统的应用还能够提高电力系统的可靠性和稳定性，减少电力中断和故障的概率，从而改善居民的用电体验和生活质量。

★浙江省开展客户侧储能业务情况

△项目介绍

浙江省规模最大、技术最先进的新型储能项目——新昌高新园区50兆瓦/100兆瓦时储能电站并网成功，对提高电网供电可靠性、安全性作用显著，为浙江电网率先建设新型电力系统省级示范区贡献力量（图2-6-2）。新昌高新园区储能项目是浙江省首批“十四五”新型储能示

图2-6-2　新昌高新园区储能电站

范项目，采用了国内最先进的集成和温控技术，本期建设规模为50兆瓦/100兆瓦时。该项目采用国内领先技术，具有高安全、长寿命、高集成等优势，满足户外20年可靠性运行要求；采用一体化高效液冷系统，相比常规风冷，功耗显著降低；同时，通过模块化高集成设计，占地面积节省达35%以上。

△储能策略

该储能电站属于网侧独立储能电站，建成后接受电网调度，为电网提供调峰、调频、调压、热备、紧急频率支持、需求侧响应等电力辅助服务。项目并网投产能显著提高电网供电的可靠性和安全性，推动新能源与电网的协调发展，提升清洁能源消纳能力，有效支撑浙江电网率先建设新型电力系统省级示范区，具有多重示范效益。

△效益分析

经济效益：高新园区储能项目位于羽林街道年岳村，占地面积34.8亩，总投资2.89亿元，建设规模为50兆瓦/100兆瓦时，采用35千伏高压直挂模式，通过升压站升至110千伏，建成后可实现年放电量6000万度以上。

环境效益：本项目平均每年减少二氧化碳排放5万吨。

社会效益：作为全省首个百兆瓦级液冷技术储能电站，项目建成后，能够显著提高电网供电的可靠性和安全性，推动新能源与电网的协调发展，全面提升清洁能源消纳能力，有效支撑以新能源为主体的新型电力系统，为周边及大明市新区建设提供有效的电力保障，助力新昌“迎峰度夏”保供电工作。

二、分析建议

通过对上海市、浙江省储能项目工作开展情况的分析，建议陕西公司：一是楼宇储能系统利用峰谷电价差，进行充电放电，降低用电最大负荷。二是居民住宅安装光储系统，实现备用电源和阶梯分时电价功能，减少电费支出，保证用电安全。三是接受电网调度，提供电力辅助服务，提高供电的可靠性和安全性，推动新能源与电网协调发展，提升清洁能源消纳能力。

第七篇　空调负荷管理业务

一、应用场景

★浙江省开展空调负荷管理业务情况

2023年，国网浙江公司衢州供电公司聚焦公共机构和商业场所两大空调使用主体，全面开展分体式空调负荷“点滴汇聚”工程，从平台、技术、政策等多个方面攻坚发力，创新打造“政府主导、电网主动、社会主体”的空调负荷管理新模式。

在平台打造方面，国网衢州供电公司依托新型电力负荷管理系统，创新开发空调负荷聚合平台，广泛汇聚全市可调节负荷资源，后续还将打通与政务云、浙里办等数据互通渠道，为政府空调负荷管理、公共机构节能治理、社会主体节能参与等提供数字化工具。

在技术支撑方面，在开展中央空调感知能力建设的基础上，国网衢州供电公司进一步向分体式空调拓展，推动分体式空调用户自主安装“空调伴侣”，分区块整域将空调负荷接入空调负荷聚合平台，聚合后接入新型电力负荷管理系统，快速实现感知能力建设提质扩面。

在政策赋能方面，浙江省首个地市级空调负荷感知能力建设补贴政策在衢州正式落地。衢州市政府将空调负荷调控能力建设成本补贴政策纳入市级《“大科创”专项政策细则（2023年版）》（以下简称《细则》），对完成“空调伴侣”安装且接入空调负荷聚合平台的工商业用户，将按照125元/台的标准给予补贴。《细则》还对2023年电力需求响应补贴政策进行了修订，按照在省级补贴基础上补足至4元/千瓦时的标准，对成功参与需求响应的电力用户给予地方额外补贴，年度补贴总额达470万元。

当前国网衢州供电公司已陆续启动部署，坚持“政府主导、电网主动、社会主体”，进一步建立健全“数字化+网格化”“市场+行政”空调调控工作机制，确保全市空调负荷管理落地见效，高质量服务迎峰度夏能源电力保供稳价工作（图2–7–1）。

图2–7–1　国网浙江公司开展空调负荷调控

★安徽省开展空调负荷管理业务情况

安庆市迎江区居民用户多、大型商超综合体多，预计冬季空调负荷约占城市总负荷的40%，是负荷调节的重要潜在领域。

国网安庆市供电公司未雨绸缪，以数字化技术为牵引，围绕负荷聚合、柔性调控的整体思路，提前谋划了“过冬”空调负荷调节策略，推进“千瓦可控必控、度电应调尽调”目标的落实，让这个冬天暖得“划算”。

迎江区的吾悦广场是一座新建大型商业楼宇，空调潜力巨大。2023年，国网安庆供电公司通过在这里部署智能控温终端、温湿度传感器和通信网关等一体化设备，实现对该商业楼宇空调系统负荷的柔性调节。

2023年，国网安庆供电公司试点建成面向空调用户侧分层分区弹性平衡的市级空调负荷控制平台。现在该平台已经在公共机构、商业、工业、综合园区等多种用户类型和场景中应用，实现空调负荷管理在时空上全面精细化、数字化。与一般楼宇自发、零散的节能行动不同，安庆空调控制平台通过“一键生成用户筛选”“一键生成负荷监控”“一键生成柔性负荷调控”，拓宽需求响应的广度和负荷调节的深度，简化响应过程，提升响应精度。

空调负荷主动调节离不开电力市场的支持。随着安庆电力市场的不断成熟，空调负荷的实战场景还在持续拓展。（图2–7–2）国网安庆供电

图2–7–2　国网安徽公司开展空调负荷管理

公司积极为用户开展空调节能改造，并推动改造用户签订电力需求响应协议，吸纳空调负荷进入负荷调节资源库。签订协议用户收到响应执行通知后，在需求响应时段通过调节空调温度完成负荷调节。根据实际响应效果，参与需求响应的用户可获得补贴。

这些对于参与空调负荷调节的公共楼宇来说，不仅可以提高单体节能成效，形成响应互补，还能增加可观经济收益。商业综合体参与电力需求响应和负荷调控，不仅可以缓解迎峰度冬保供电的压力，其自身还能得到可观的经济收益，降低成本开支。

国网安庆供电公司结合网上国网“e起节电”活动，多渠道、多角度开展“倡导节约用电，助力节能减排”宣传，发起节能挑战，用户报名参与并完成挑战后，可领取电费优惠券等奖励，点亮“节电卫士”用电徽章。努力增强广大电力客户节能意识，有效引导绿色低碳生产生活方式。

安庆各县区结合属地的历史文化和文旅特色，对参与国网“e起节电”活动节电显著的用户提供优惠。部分县市试点推动政府以消费券形式补贴居民空调等负荷参与迎峰度冬期间的节约用电行动，引导用户走出家庭，减少零散空调负荷浪费，激活扩大了当地的内需，同时鼓励广大市民主动参与节能降碳，营造了全民绿色生活消费的良好氛围。11月以来安庆全市共计6.24万用户参与“e起节电”，2.55万居民同比节电5%以上。

二、分析建议

通过对浙江省和安徽省的经验分析，建议陕西公司在新型电力负荷管理系统的支持下，创新开发空调负荷聚合平台。该平台将通过分区块整域的方式将空调负荷接入聚合平台，并最终接入负荷管理系统。实现空调系统负荷的柔性调节，安装智能控温终端、温湿度传感器和通信网关等一体化设备。积极推动政府出台相关政策，并积极开展“e起节电”活动。

第三部分

业务沟通篇

第一篇　负荷管理与排查业务

★电话邀约前期准备

××总您好，我是供电公司小×，请问近期您什么时候有空？

我们供电公司于近日正式启动负荷资源排查工作，为客户提供可调节负荷资源挖掘、用能服务需求等供电延伸服务。本次负荷资源排查工作主要是对贵单位的主要用电设备场所，如生产车间、配电房、锅炉房等设备进行现场详细排查，了解生产工艺信息、配用电信息等情况，为贵单位在需求响应、节能服务等方面提供分析诊断和建议。

本次负荷排查信息量大，涉及场所多，为提高本次排查工作效率，请贵单位安排熟悉本企业配电系统和生产工艺的人员，如生产管理部门或配电管理部门相关人员。给您造成的不便，敬请谅解，感谢您对电力公司的支持。

★用户办公室沟通

××总您好！我是供电公司的小×。感谢贵公司对我司本次负荷资源专项排查行动的支持。本次排查是根据国家发改委和国家能源局相关要求开展的排查工作。这个是我司的告知书，请查阅。

本次排查主要对贵单位的主要用电设备场所，如生产车间、配电房、锅炉房等设备进行现场详细排查，了解生产工艺信息、配用电信息等情况，为贵单位在需求响应、节能服务等方面提供分析诊断和建议。我们将严格按照有关规定，依法、科学收集相关资料。贵单位所提供的各类信息，将由我公司负责管理，不做其他商业用途。

下面我们开始本次的排查工作。

小×：贵单位一天几班倒，时间点怎么安排的，是一天不间断地连续生产吗？有没有休息日？（生产班次、班次时间、是否连续生产）

用户：我们属于连续生产企业，采用三班倒、四班三运转制/……分早中晚三班，班次时间为早班：0: 00—8: 00，中班：8: 00—16: 00，晚班：16: 00—次日0: 00。

小×：贵单位一天负荷平均下来多大？

用户：平均负荷大约在4000千瓦。

小×：贵单位具备生产控制系统吗？

用户：具备。

小×：贵单位生成控制系统厂家是哪里的？型号是什么？

用户：生产控制系统厂家是西门子的，型号是××。

小×：贵单位参与过需求响应吗？参与过绿电交易吗？

用户：两个都没有参与过。

小×：贵单位有没有分布式电源（如光伏）、自备电厂等自备电源？

用户：有自备发电机。

小×：贵单位自备发电机容量多大，最大出力多少？

用户：自备发电机容量为800千瓦，最大出力780千瓦。

小×：贵单位有没有中央空调、光伏、储能、电锅炉等柔性负荷设备？

用户：有中央空调设备。

小×：贵单位中央空调有多少台？运行多长时间？功率多大？

用户：有3台，功率共计150千瓦。一般每天运行8小时。

小×：贵单位主要是加工什么产品，是精加工还是粗加工啊？（属于产业链的什么位置？）

用户：主要是加工药材，使用原料加工成药物成品。

小×：贵单位是一个生产场地还是有其他的生产场地，是集团性质的企业吗？产业链上游企业是否了解，是否为本地关联企业？

用户：就一个生产场地，上游企业了解，是本地关联企业。

小×：为降低产业链（上下游）本地关联企业负荷调控影响，方便提供本地关联企业名称吗？

用户：可以提供。企业名称为××。

小×：方便核对联系人及联系方式，便于供电公司维护系统档案吗？

用户：可以提供联系人××，联系方式。

★用户配电房沟通

小×：贵单位有没有保安负荷？也就是停电将直接引起人身伤亡、有毒有害物溢出造成环境大面积污染、引起爆炸或火灾、造成重大生产设备损坏或引起重大直接经济损失的负荷，保安负荷名称、大小。

用户：有停电引起重大直接经济损失的负荷，比如实验室（反应釜、细菌培养皿等）、灭菌柜、冷库等。这些负荷约500千瓦。

小×：贵单位总配电室有几个，电压等级多大？总配有多少条出线？

用户：有1个总配电室，35千伏电压等级，共有4条出线。

小×：分配电室有几个，电压等级多大？分配有多少条出线？

用户：有4个分配电室，10千伏电压等级，每个分配电室各有3条出线。

小×：贵单位的高压出线线路有没有直接接设备的，设备名称是什么，负荷有多大？（主要生产负荷名称、大小）

用户：有，设备名称为炼锅炉，负荷大约为2000千瓦。

小×：贵单位是否有对负荷回路下的用电设备进行管理，如果有，方便告知各变压器下回路主要的设备与负荷数据吗？

用户：有，各回路情况如下。

或：没有，我们公司的各回路下接线涉及设备比较复杂。

小×：那请问贵公司的主要生产设备（辅助生产设备、非生产设备）回路主要在哪些高压或者低压线路下呢？这些主要生产用电设备对应出线回路名称是什么？是否具备开关控制回路触点？开关是否支持遥控分闸？设备名称主要是什么？

用户：主要生产设备主要为×××××。负荷名称对应的就是生产线名称，粉碎设备对应粉碎Ⅰ回3201出线、粉碎Ⅱ回3202出线，过滤Ⅰ回3301出线、过滤Ⅱ回3302出线……这些出线开关设备都具备开关控制回路触点，支持遥控分闸。

小×：主要生产设备（辅助生产设备、非生产设备）的回路如果在夏（冬）季早（中、晚）峰负荷（千瓦）时段有需求响应邀约需要降负荷，贵单位最大能降多少负荷？是错开高峰时段用电（错峰）还是高峰时段减少、停止用电（避峰），还是调整休息时间（轮休）？

用户：该回路可以错开早高峰时段用电，最大可降负荷500千瓦。

小×：你们如果接受需求邀约，该回路需要提前多久通知执行时间？大概多久能够降下来？该回路最长可以连续调节多长时间呢？恢复正常生产要多长时间？

用户：须至少提前1小时通知，大概半小时能够停下来，能够连续停电3小时，恢复到正常生产需要约1小时。

小×：贵单位有没有员工宿舍、食堂等生活用电保障类负荷，具体名称、大小，是接入到哪条回路呢？

用户：有宿舍空调、照明，食堂厨卫电器设备，负荷约300千瓦，回路名称为3xx。

小×：贵单位是否有最新版的一次接线图，该图与实际相符吗？

用户：有，相符。

★用户生产车间沟通

小×：企业的主要生产用电设备有哪些，负荷有多大？（主要生产负荷名称、大小）

用户：主要生产性负荷为粉碎设备、过滤设备等，负荷大约为2000千瓦。

小×：这些设备停下来需要提前多长时间通知？能够连续停电多长时间？恢复正常生产要多长时间？

用户：须至少提前1小时通知，能够连续停电3小时，恢复到正常生产需要约1小时。

小×：企业的其他辅助生产设备有哪些，负荷有多大？（辅助生产负荷名称、大小）？

用户：辅助生产负荷设备为缝合机、复合软包装机、液体包装机等设备，负荷约1000千瓦。

小×：这些设备停下来需要提前多长时间通知？能够连续停电多长时间？恢复正常生产要多长时间？

用户：须至少提前1小时通知，能够连续停电4小时，恢复到正常生产需要约1小时。

小×：企业非生产类负荷设备有哪些？负荷有多大？

用户：非生产类负荷设备有办公设备、照明、空调等，负荷约为200千瓦。

小×：这些设备停下来需要提前多长时间通知？能够连续停电多长

时间？恢复正常生产要多长时间？

用户：须至少提前30分钟通知，能够连续停电2小时，接到通知后可以立即恢复正常状态。

★用户柔性和自有电源沟通

小×：贵公司有中央空调系统、电锅炉系统、5G基站、充电桩、分布式电源等柔性负荷资源吗？

用户：有，我们公司有中央空调。

小×：方便告知设备台数、型号、功率等基本信息吗？

用户：可以，设备共有2台，型号为特灵-×××，功率为500千瓦。

小×：夏季用电高峰期，建议中央空调设备运行在节能状态，制冷模式温度设置建议不低于26摄氏度。如果需要降空调负荷，最大能降多少负荷？需要提前多长时间通知？什么时段能降？能维持多久？

用户：中央空调设备能停1台，最大能降50千瓦，接到通知后能够立即停下来，在白天时段都能停，能停4—5小时。

小×：贵公司有储能系统、自备电厂、小水电、应急电源。

用户：有，我们公司有应急电源。

小×：方便告知设备名称、台数、功率等信息吗？

用户：可以，设备为柴油发电机，共有5台，总功率为1000千瓦。

★用户能源消费及服务需求沟通

小×：贵公司除了用电以外，还消耗煤炭、石油、天然气、汽油、柴油等能源吗？消耗量有多大？

用户：企业生产主要消耗电和天然气，天然气的年使用量约为2300千立方米。

小×：贵公司目前有无意向建设分布式光伏、电动汽车服务，参加需求响应、电力交易、节能改造、能源托管？

用户：有，我们目前有意向开展×××。

★结束沟通

小×：非常感谢您的大力配合，请问您对负荷管理有没有什么意见或建议？

用户：×××。

小×：希望您对我们的工作给予理解和支持，对于您的意见和建议我们也将尽快反馈，并尽快给您答复，再见！

第二篇　需求响应业务

小×：××总您好！我是供电公司的小×。感谢贵公司对我司工作一贯的理解与支持。今天给您致电，是为了向您介绍需求响应业务。

用户：什么是需求响应?

小×："需求响应"业务就是通过市场化激励机制，引导电力用户在高峰时段削减用电负荷或在低谷时段增加用电负荷，有效实现削峰填谷，达到用电供需平衡。

用户：哦，这样啊。那这个需求响应对我们有什么好处呢?

小×：第一，通过需求响应可以培养企业节能、高效的用能习惯；第二，通过节约能源，企业可以获取额外的补贴；第三，充分发挥负荷资源的社会效益。

用户：哦。那这个需求响应要怎么做?

小×：按照电网运行需要，电力需求响应分为削峰需求响应和填谷需求响应。按照引导用户响应的方式分为紧急型需求响应和经济型需求响应。您可以通过我们作为需求响应代理来参加需求响应。

用户：电力公司也可以做需求响应代理吗?

小×：是的，我们在需求响应代理服务中有很多优势，一是综合能源公司拥有国家电网公司的业务背景，能够提供专业的电力需求侧响应服务。二是通过补贴分成的形式，企业可在不支付任何费用的情况下，参与电力需求响应，获取响应补贴。

用户：明白了。那这个需求响应代理可以给我们提供什么服务呢？

小×：提供的服务包括需求响应容量申报、需求响应容量竞价、邀约企业参与需求响应、应邀企业参与需求响应、需求响应执行效果确认、需求响应补贴确认以及需求响应补贴发放等。

用户：具体流程呢？

小×：需求响应的流程包括七个步骤：第一，要签订需求响应代理协议，确定分成比例；第二，需求响应申报；第三，需求响应竞价；第四，需求响应执行；第五，执行效果确认；第六，需求响应补贴确认；第七，需求响应发放。

用户：这个分成要怎么确定？

小×：根据供电公司和企业商定的结果，确认分成比例并将分成比例写到代理协议中。

用户：需求响应代理补贴如何发放？

小×：需求响应补贴统一打给负荷聚合商账户，由负荷聚合商根据分成比例打给企业账户，企业需开具13%的电费发票。

用户：好的，我了解了。

小×：谢谢您的支持，如果有任何问题，您可以随时联系我。××总再见！

第三篇　有序用电业务

★有序用电实施通知

小×：××总您好！我是供电公司的小×。感谢贵公司对我司本次有序用电行动的支持。因电力供需紧张，本市预计在××月××日启动有序用电方案，请您做好准备。

用户：好的，具体什么安排?

小×：根据方案要求，请贵公司于××年××月××日××:××—××:××将用电负荷控制在××千瓦内，请提前做好准备，感谢支持配合。

用户：好的。

小×：如果有任何不清楚的地方，您可以拨打我市有序用电办公室的咨询电话，了解详情。电话是：××。再次感谢您的支持，××总再见!

★有序用电取消通知

小×：××总您好！我是供电公司的小×。目前，因××原因全省电力供需形势有所缓解，原计划在××月××日执行的有序用电方案取消，感谢您的支持，请您见谅。

用户：好的，那我们现在可以恢复生产了吗?

小×：是的。贵公司可以正常生产。后续工作如有变化，我会以电话和短信的方式联系您。感谢您的支持和配合。

用户：好的。

小×：如果有任何不清楚的地方，您可以拨打我市有序用电协调领导小组办公室电话了解详情。电话是：××。再次感谢您的支持，××总再见！

★有序用电结束的通知

小×：××总您好！我是供电公司的小×。感谢贵公司对我司本次有序用电行动的支持，本次有序用电已经执行完毕，您可以正常恢复生产。

用户：好的。

小×：是的。贵公司可以正常生产。后续工作如有变化，我会以电话和短信的方式联系您。感谢您的支持和配合。

用户：好的。

小×：如果有任何不清楚的地方，您可以拨打我市有序用电协调领导小组办公室电话了解详情。电话是：××。再次感谢您的支持，××总再见！

★执行不到位、拒不执行有序用电的通知

小×：您好，我是××供电公司。根据我省能源局的工作要求，您单位需要在××—××时段，执行有序用电。通过对您单位用电负荷的监测，发现在××—××时段用电负荷超出有序用电限定值，请您单位立即组织开展负荷压限工作。

用户：现在停不了！

小×：您单位的有序用电执行情况将同步发送给××市电力运行主管部门，××供电公司将根据您单位负荷压限情况和××市电力运行主管部门意见，依法采取停限电措施。后续会给您发送书面通知，请知悉。

第四篇　节约用电业务

★公共机构领域

小×：您好，我是供电公司的小×，负责推广节能用电的业务。首先，感谢您在百忙之中接听我的电话，我想和您聊聊关于公共机构节能用电的重要性。

用户：哦，节能用电啊，这对我们公共机构有什么意义呢？

小×：对于公共机构来说，节能用电不仅有助于降低能源成本，提高能源利用效率，更是展现社会责任和环保意识的体现。通过节能用电，我们可以为公众树立一个良好的榜样，推动整个社会的节能意识。

用户：听起来很有道理。那我们应该如何着手进行节能用电呢？

小×：公共机构可以从多个方面入手。首先，可以优化照明系统，采用高效节能灯具，并合理调整照明时间和亮度。其次，改善空调和通风系统，合理设置温度和湿度，避免过度能耗。再次，还可以推广使用节能型电器和办公设备，以及加强能源管理系统的建设。

用户：这些措施听起来很具体，我们会认真考虑的。在实施过程中，我们需要注意些什么呢？

小×：在实施节能用电措施时，公共机构需要注意确保措施的有效性和可行性。首先，要对各项措施进行充分评估，确保能够真正降低能耗。其次，要加强宣传和培训，增强员工的节能意识和技能。最后，要建立健全的节能管理制度，确保节能措施能够长期持续实施。

用户：好的，我们会按照你的建议来进行节能用电工作的。

小×：非常感谢您的支持和合作，我们会继续为您提供专业的节能用电指导和服务。如果您有任何疑问或需要进一步帮助，请随时与我们联系。

用户：好的，我们会积极采取措施，推动公共机构的节能用电工作。谢谢你的帮助！

小×：非常感谢您的信任和肯定，我们会继续努力，为公共机构的节能用电工作做出更大的贡献。祝您工作顺利，生活愉快！

★工业企业领域

小×：××总，您好！我是供电公司的小×。首先，感谢您一直以来对我们工作的支持和理解。我今天给您打电话，是想和您聊聊关于节约用电的事情。

用户：哦，节约用电啊，这是为什么？

小×：是这样的，××总。您知道，工业企业是用电大户，节约用电不仅有助于降低生产成本、提高企业竞争力，还符合绿色环保的理念。这对于企业的可持续发展和整个工业领域的绿色转型都非常重要。

用户：听起来挺有道理的。那我们应该怎么做才能节约用电呢？

小×：其实，节约用电的方法有很多。比如，优化生产工艺流程，更新节能型设备，还可以实施能源管理系统。这些都是非常有效的节约用电措施。

用户：那在生产过程中，如何合理调度用电负荷呢？

小×：××总，您可以通过合理安排生产计划，优化生产流程，实施负荷管理等方式来合理调度用电负荷。比如，在用电高峰时段，可以适当调整生产计划，降低用电负荷，避免与电网负荷高峰重叠。

用户：哦，明白了。在选择节能设备时，我们需要注意些什么呢?

小×：在选择节能设备时，您应该关注设备的能效等级、能耗数据以及技术成熟度等因素。确保选购到真正节能高效的设备，这样才能真正达到节约用电的目的。

用户：好的，谢谢你的建议。我们会认真考虑的。

小×：不客气，××总。如果您有任何其他问题或需要进一步的帮助，请随时与我们联系。我们会竭诚为您服务。祝您生意兴隆，一切顺利!

用户：好的，谢谢。我们会积极采取措施，努力节约用电的。

小×：非常感谢您的支持和合作，××总。我们会继续为您提供优质的服务，共同推动工业领域的绿色发展。祝您一切顺利!

★居民社区领域

小×：您好！我是供电公司的小×，今天特地给您打来电话，是想和您聊聊我们社区如何一起参与节能用电。

用户：哦，节能用电啊，这对我们居民社区有什么意义呢?

小×：对于居民社区来说，节能用电不仅可以帮助大家节省电费，更重要的是，它有助于保护环境，减少碳排放，为我们和子孙后代创造一个更美好的生活环境。

用户：听起来确实很有意义。那我们应该怎么做才能节能用电呢?

小×：其实，很多小细节都可以帮助我们节能。比如，在家里使用节能电器，养成及时关闭电器电源的习惯，合理安排家电的使用时间，还可以考虑安装太阳能热水器等可再生能源设备。

用户：这些措施听起来都很实用，我们会尝试的。那社区在这方面可以做些什么呢?

小×：社区可以组织一些节能宣传活动，增强居民的节能意识；还可以提供一些节能小贴士，帮助居民更好地实施节能措施。此外，社区还可以与供电公司合作，开展一些节能项目，共同推动社区的节能工作。

用户：听起来很不错，我们会积极配合的。谢谢你的建议！

小×：非常感谢您的支持和合作，我们会继续为社区的节能工作提供支持和帮助。如果您有任何疑问或需要进一步指导，请随时与我们联系。

用户：好的，我们会积极参与，为社区的节能工作出一份力。谢谢你的帮助！

小×：非常感谢您的信任和支持，我们会继续努力，为居民社区的节能工作做出更大的贡献。祝您和您的家人生活愉快，万事如意！

第五篇　虚拟电厂业务

小×：您好！我是供电公司的小×，今天给您打来电话，是想向您介绍一项关于虚拟电厂的业务。

用户：虚拟电厂？这和我们有什么关系吗？

小×：虚拟电厂与您日常使用的电力供应有着密切的关系。虚拟电厂是一种创新的能源管理方式，它整合和优化了分散的能源资源，形成一个统一的、可调度的电力供应体系。作为用户，您可以通过参与虚拟电厂，享受到更加稳定、可靠的电力供应。

用户：那我具体该怎么做呢？

小×：您不需要进行任何复杂的操作。只需要确保您所使用的设备（如分布式光伏、储能系统等）符合相关标准和要求，并接入虚拟电厂平台。我们会进行统一管理和调度，确保电力供应的稳定性和可靠性。

用户：参与虚拟电厂对我有什么好处吗？

小×：参与虚拟电厂，您可以享受到更加稳定、可靠的电力供应。在高峰用电时段，通过合理调度和管理，我们可以有效减轻电网的压力，避免电力短缺和停电的情况发生。此外，虚拟电厂还可以促进可再生能源的利用，减少碳排放，为环境保护做出贡献。

用户：听起来不错，还有其他需要注意的事项吗？

小×：在使用设备时，请确保设备的正常运行和维护，避免出现故障或安全隐患。此外，我们也会为您提供专业的技术支持和服务，确保您能够顺利参与虚拟电厂。

用户：好的，我会注意的。谢谢你的建议！

小×：非常感谢您的支持和合作，我们会继续为您提供专业的虚拟电厂建设指导和服务。如果您有任何疑问或需要进一步帮助，请随时与我们联系。

用户：好的，我会积极参与虚拟电厂建设，为电力供应的稳定做出贡献。谢谢你的帮助！

小×：非常感谢您的信任和支持，我们会继续努力，为电力供应的稳定和可持续发展做出更大的贡献。祝您生活愉快，一切顺利！

第六篇　客户侧储能业务

用户：你好，我是×××公司的××，我想在我们工厂里面建个储能。想问问具体的步骤。

小×：××总您好，我是供电公司的小×。请问您要咨询的是10（20）千伏项目还是380（220）伏项目？

用户：10千伏。

小×：好的。10千伏储能项目您可以通过网上国网app、95598智能网站、95598热线电话、供电营业厅等多种渠道受理客户侧储能系统并网申请。我们的工作人员会协助您填写申请表，接收并核实您的申请材料，并将您的申请录入营销业务系统。

用户：这个要多久啊？

小×：上述的流程需要2个工作日。

用户：接下来的流程呢？

小×：接下来地市公司会同其他部门单位开展现场核查，这个流程需要5个工作日。调研后，由公司按照国家、行业、地方及企业相关规定与标准，为您出具系统接入方案。方案编制在20个工作日内可以完成。方案评审通过后，出具接入电网意见函，并流转回所属地市公司后，由地市公司将意见函答复给用户，这个流程需要10个工作日。

用户：那如果是380伏的项目呢？

小×：380伏及220伏在勘查后可以采用典型接入方案，不需要额外出具接入方案，因而用时会短一些。

用户：接入方案出具以后，需要做什么?

小×：接入方案出具以后，进入设计审查阶段。如果是380伏和220伏的项目，不需要设计审查。10千伏和20千伏的项目，由电力公司组织设计审查并负责将结果告知您。

用户：设计审查都包括什么东西啊?

小×：一次接线、设备清单、涉网保护、电能计量、通信系统、监控系统及调度自动化、一次系统技术要求。

用户：我们自己出资建设的项目，可以自由选择施工单位和设备吧?

小×：是的。由客户出资建设的客户侧储能系统及相应的客户工程，其设计单位、施工单位及设备材料供应单位由客户自主选择。但您选择的施工单位需要具有相应资质等级的电力施工许可证，并严格按照审核后的设计文件进行施工。

用户：好的。

小×：施工后您可以申请并网检验及接入工作，我们会组织相关人员到现场完成检验，并指导您完成并网手续。

用户：好的，谢谢。

小×：不客气！有问题您随时联系我！××总再见！

第七篇　空调负荷管理业务

小×：您好！我是供电公司的小×，今天给您打来电话，是想向您介绍一项关于空调负荷管理的业务。

用户：空调负荷管理？这是做什么的？

小×：空调负荷管理主要是为了在高峰用电时段，通过合理调整和控制空调的用电负荷，减轻电网的压力，确保电力供应的稳定。这样既可以保障您的舒适生活，又能为社区的电力稳定做出贡献。

用户：那我们具体应该怎么做呢？

小×：非常简单。您可以通过调整空调的温度设定、使用定时开关功能或者在高峰时段暂时关闭空调等方式，来减少空调的用电负荷。我们也会为您提供一些实用的节能建议和操作指南，帮助您更好地实施空调负荷管理。

用户：这样做真的能减轻电网的压力吗？

小×：是的，空调负荷管理是一项非常有效的措施。在高峰用电时段，大量空调同时开启会给电网带来巨大的负荷压力。通过合理调整和控制空调的用电负荷，我们可以有效减轻电网的负担，保障电力供应的稳定。

用户：好的，我会积极配合的。还有其他需要注意的事项吗？

小×：在实施空调负荷管理时，请确保您的空调设备正常运行，并定期进行维护和保养。此外，我们也建议您在高峰时段尽量减少使用其他高功率电器，以确保电力供应的平衡。

用户：好的，我会注意的。谢谢你的建议！

小×：非常感谢您的支持和合作，我们会继续为您提供专业的空调负荷管理指导和服务。如果您有任何疑问或需要进一步帮助，请随时与我们联系。

用户：好的，我会积极参与空调负荷管理，为社区的电力稳定出一份力。谢谢你的帮助！

小×：非常感谢您的信任和支持，我们会继续努力，为居民社区的空调负荷管理工作做出更大的贡献。祝您生活愉快，一切顺利！

第四部分

培训题库篇

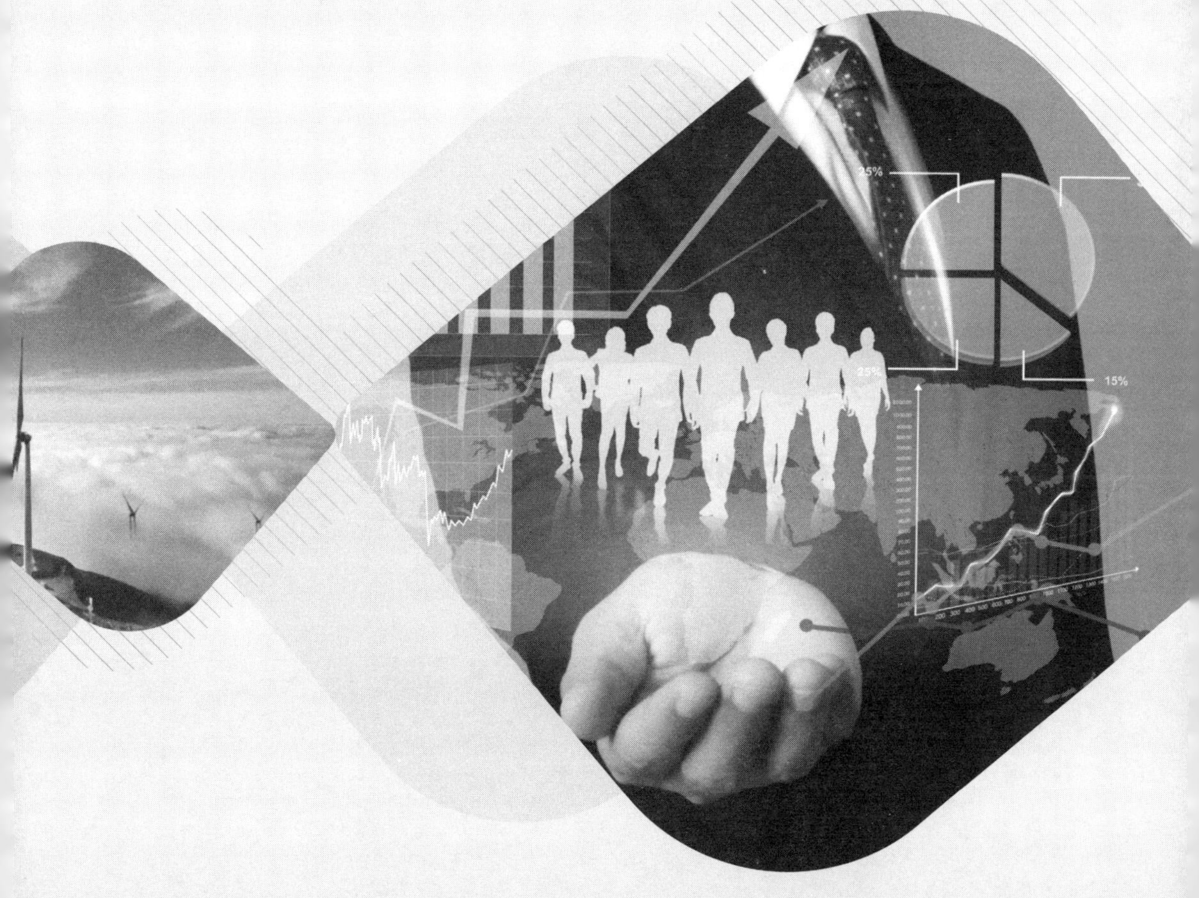

第一篇　政策部分

《关于推进新型电力负荷管理系统建设的通知》

1. 2022年迎峰度冬前，各地基本建成负荷管理系统，力争负荷控制能力达到本地区最大负荷的（　），其中夏季供需形势紧张的地区尽量在迎峰度夏前建成。2025年，系统负荷控制能力达到本地区最大负荷的（　）以上，负荷监测能力达到本地区最大负荷的（　）以上。工作基础较好的地区可因地制宜加快建设进度。

答案：5%　20%　70%

《电力负荷管理办法》

2. 第三十四条　各级电力运行主管部门应指导电网企业统筹推进本地区新型电力负荷管理系统建设，制定负荷资源接入年度目标逐步实现（　）高压用户全覆盖。

答案：10千伏（6千伏）及以上

《关于开展新型电力负荷管理系统建设》

3. 各地市电力运行主管部门指导供电公司和电力用户签订“（　）”，明确双方职责和权益。

答案：负荷控制终端管理协议

4. 当电网发生紧急状况且企业有序用电执行不到位等情况时，电网公司可按有关规定通过专变采集终端负荷控制功能切除企业（　），保障电力有序供应和民生及重要客户用电。

答案：可中断负荷

《陕西省人民政府关于印发碳达峰实施方案的通知》

5. 加快建设新型电力系统。优化完善电力基础设施，围绕负荷中心、新能源开发重点地区、新增电力外送通道起点，构建清晰合理的主网架结构。完善750千伏电网，形成“（　　）”主网架结构，增强陕北向关中、陕南送电能力。

答案：三纵—双环网—两延伸

6. 鼓励建设以消纳新能源为主的局域网、微电网、增量配电网，构建“（　　）”协同消纳体系。

答案：源网荷储

7. 深化电力体制改革，研究制定推动“源网荷储”一体化发展的政策措施，探索储能系统与机组联合或作为（　　）。

答案：独立主体参与电力辅助服务交易

《关于完善能源绿色低碳转型体制机制和政策措施的意见》

8. 推动电力需求响应市场化建设，推动将需求侧可调节资源纳入电力电量平衡，发挥（　　）的作用。

答案：需求侧资源削峰填谷、促进电力供需平衡和适应新能源电力运行

9. 加快推进需求响应市场化建设，探索建立以市场为主的（　　）补偿机制。

答案：需求响应

《2022年能源工作指导意见》

10. 健全分时电价、峰谷电价，支持用户侧储能多元化发展，充分挖掘需求侧潜力，引导电力用户参与（　　）。

答案：虚拟电厂、移峰填谷、需求响应

11. 进一步优化有序用电及天然气“压非保民”的管理措施，加强（　　），梳理业务流程及标准，精准实施用能管理。

答案：可中断负荷管理

《电力需求侧管理办法》

12. 各类经营性电力用户均可参与需求响应，有序引导具备响应能力的非经营性电力用户参与（　　）。

答案：需求响应

13. 到2025年，各省需求响应能力达到最大用电负荷的（　　），其中年度最大用电负荷峰谷差率超过（　　）的省份达到（　　）。

答案：3%—5%　40%　5%或以上

14. 全面推进需求侧资源参与电能量和（　　）常态化运行。鼓励满足条件的需求响应主体提供辅助服务，保障电力系统稳定运行。

答案：辅助服务市场

15. 建立和完善需求侧资源与电力运行调节的衔接机制，逐步将需求侧资源以虚拟电厂等方式纳入（　　），提高电力系统的灵活性。

答案：电力平衡

16. 根据“（　　）”的原则，支持具备条件的地区，通过实施尖峰电价、拉大现货市场限价区间等手段提高经济激励水平。

答案：谁提供、谁获利，谁受益、谁承担

17. 电网企业在各级电力运行主管部门指导下，根据本地实际情况成立电力负荷管理中心，负责（　　）建设和运营工作。

答案：新型电力负荷管理系统

《电力负荷管理办法》

18. 省级电力运行主管部门委托电力负荷管理中心开展各类主体的资

格审核、设备检测、能力校核、执行组织、效果评估以及电力用户合理接入系统等工作，评估结果报告（ ）。

答案：省级电力运行主管部门

19. 电力运行主管部门组织电网企业根据电力供需情况启动实施需求响应，或委托（ ）灵活组织实施。

答案：电网企业

《有序用电管理办法》

20. 有序用电方案实施期间，电网企业应在电力运行主管部门指导下加强网省间（ ）和（ ）。

答案：余缺调剂 相互支援

21. 电网企业应依据有序用电方案，结合（ ）和（ ），合理做好日用电平衡工作。

答案：电力供应能力 用电负荷情况

22. 在保证有序用电方案整体执行效果的前提下，电网企业应优化有序用电措施，在电力电量缺口缩小时及时有序（ ）用电负荷，尽量满足用户合理需求，减少限电损失。

答案：释放

23. 紧急状态下，电网企业应执行事故限电序位表、处置电网大面积停电事件应急预案和（ ）预案。

答案：黑启动

24. 在对用户实施、变更、取消有序用电措施前，电网企业应通过（ ）等方式履行告知义务。

答案：公告、电话、传真、短信

《电力需求侧管理办法》

25. 严格保障居民、农业、重要公用事业和公益性服务等用电，优先保障重点（　）企业用电。确保生产安全的前提下，重点限制淘汰类、限制类、高耗能、高排放、低水平等企业用电。

答案：产业链供应链

26. 电力运行主管部门应引导、激励电力用户优化用电方式，对积极采取需求响应等电力需求侧管理措施并经评估取得明显效果的工业、企业等电力用户，可适度放宽其（　）。

答案：有序用电参与要求

27. 电网企业依托新型电力负荷管理系统开展负荷精准调控，各地负荷监测能力应逐步达到本地区最大用电负荷的（　）以上，负荷控制能力应逐步达到本地区最大用电负荷的（　）以上。

答案：70%、20%

《关于进一步加强节能标准更新升级和应用实施的通知》

28. 在能源领域，加快煤炭清洁高效利用、新能源和可再生能源利用、石油天然气储运、管道运输、输配电关键设备相关节能（　）研制。

答案：技术标准

《“碳达峰十大行动”进展（二）——节能降碳增效行动取得积极进展》

29. 优化完善节能目标责任评价考核方式。统筹经济社会发展和节能降碳，在“十四五”规划期内统筹开展地方节能目标责任评价考核，实行“（　）”。

答案：年度评价、中期评估、五年考核

《陕西省碳达峰实施方案》

30. 加快优化建筑用能结构，提高建筑终端电气化水平，推动集光伏发电、储能、直流配电、柔性用电于一体的“（　　）”建筑试点示范。

答案：光储直柔

《陕西省迎峰度夏度冬节约用电工作方案》

31. 各市（区）发展改革委要监督、引导工业企业特别是“（　　）”企业、重点用能企业积极响应并参与节约用电行动，合理安排生产经营计划，科学调整用电负荷，在用电高峰期错峰用电，实现节能降本。

答案：高耗能、高排放

32. 迎峰度夏期间拥有自备电厂企业要积极多发电量，严格控制下网用电，确保（　　）低于同期水平。

答案：购网电量

《“两高”项目用能管理若干政策措施》

33. 坚持“（　　）”，严格新建、改扩建“两高”项目准入门槛，创造条件实现能耗双控向碳排放总量和强度双控转变。

答案：存量腾空间、增量优空间

34. 能耗强度方面：新上项目单位产品能耗须达到国内行业先进水平，单位工业增加值能耗低于全省同行业平均水平（　　）左右。

答案：20%

35. “十四五”期间建成投产对完成能耗强度降低目标有较大影响的设计能耗5万吨标准煤以上的“两高”项目和设计能耗10万吨标准煤以上的非“两高”项目，原则上市县及项目单位分别提供（　　）的替代能耗指标。

答案：40%和20%

36. 原则上新建项目到2025年消费可再生能源电力须占总消耗电力的（　　）左右。

答案：30%

37. 单位工业增加值能耗达到或低于全省“十四五”单位GDP能耗下降目标（　　）吨标准煤的项目，无需提供能耗替代指标。

答案：0.45

《关于推进电力源网荷储一体化和多能互补发展的指导》

38. 通过优化整合本地电源侧、电网侧、负荷侧资源，以先进技术突破和体制机制创新为支撑，探索构建源网荷储高度融合的新型电力系统发展路径，主要包括区域（省）级、市（县）级、园区（居民区）级“（　　）”等具体模式。

答案：源网荷储一体化

39. 充分发挥负荷侧的调节能力。依托“云大物移智链”等技术，进一步加强源网荷储多向互动，通过虚拟电厂等一体化聚合模式，参与（　　）等市场交易，为系统提供调节支撑能力。

答案：电力中长期、辅助服务、现货

40. 通过加强局部电网建设，提升重要负荷中心（　　）能力。

答案：应急保障和风险防御

41. 主要通过完善市场化电价机制，调动市场主体积极性，引导（　　）和独立储能等主动作为、合理布局、优化运行，实现科学健康发展。

答案：电源侧、电网侧、负荷侧

《2030年前碳达峰行动方案》

42. 各地区要准确把握自身发展定位，结合本地区经济社会发展实际和资源环境禀赋，坚持分类施策、因地制宜、上下联动，梯次有序推进（　　）。

答案：碳达峰

43. 产业结构偏重、能源结构偏煤的地区和资源型地区要把节能降碳摆在突出位置，大力优化调整产业结构和能源结构，逐步实现碳排放增长与（　）脱钩，力争与全国同步实现碳达峰。

答案：经济增长

44. 中西部和东北地区要着力优化能源结构，按照产业政策和能耗双控要求，有序推动高耗能行业向清洁能源优势地区集中，积极培育（　）。

答案：绿色发展动能

45. 加大中央对地方推进碳达峰的支持力度，选择（　）个具有典型代表性的城市和园区开展碳达峰试点建设，在政策、资金、技术等方面对试点城市和园区给予支持，加快实现绿色低碳转型，为全国提供可操作、可复制、可推广的经验做法。

答案：100

《关于完善能源绿色低碳转型体制机制和政策措施的意见》

46. 推动电力需求响应市场化建设，推动将需求侧可调节资源纳入电力电量平衡，发挥需求侧资源（　）、促进电力供需平衡和适应新能源电力运行的作用。

答案：削峰填谷

47. 加快推进需求响应市场化建设，探索建立以市场为主的（　）。

答案：需求响应补偿机制

48. 全面调查评价需求响应资源并建立分级分类清单，形成动态的（　）。

答案：需求响应资源库

《陕西省2022年可再生能源电力消纳责任权重实施方案》

49. 会同省发展改革委运行办督促配售电公司以及未与公用电网联网的拥有自备电厂的企业，按时到省电力交易中心进行账户注册，并报送（　）完成情况等相关数据。

答案：消纳责任权重

50. 省电力交易中心负责组织开展省内可再生能源电力相关交易，指导参与电力交易的市场主体优先完成消纳责任权重相应的电力交易，并在中长期电力交易合同审核、电力交易信息公布等环节对消纳责任的（　）给予提醒。

答案：市场主体

《陕西电力市场主体行为规范实施细则》

51. 根据市场主体授权，代理经营区内部分市场主体参加省间超额消纳量交易；若陕西省整体未完成国家要求的可再生能源消纳责任权重指标，可根据政府主管部门授权，代理经营区内市场主体参加（　）。

答案：省间超额消纳量交易

52. 在完成居民、农业、重要公用事业和公益性服务、非市场化用电量对应消纳责任权重后，将剩余保障性收购的可再生能源电量对应的消纳量按无偿原则公平分摊给（　）。

答案：省内承担消纳责任的其他市场主体

《陕西省虚拟电厂建设运营工作方案》

53. 2024年，建成一批试点示范项目，形成不低于（　）的虚拟电厂资源。

答案：30万千瓦

《智能光伏产业创新发展行动计划（2021—2025年）》

54. 建立全国统一电力市场体系，加快电力辅助服务市场建设，推动重点区域（　）试点运行，完善电力中长期、现货和辅助服务交易有机衔接机制，探索容量市场交易机制，深化输配电等重点领域改革，通过市场化方式促进电力绿色低碳发展。

答案：电力现货市场

55. 支持微电网、分布式电源、储能和负荷聚合商等新兴市场主体（　）。

答案：独立参与电力交易

《国家能源局综合司关于加强电化学储能电站安全管理的通知》

56. 加强并网验收。电网企业要积极配合开展电化学储能电站的并网和验收工作，对不符合国家（行业）并网技术标准要求的电站，杜绝“（　）”。应当优化调度运行方案，在并网调度协议中明确电站安全调度区间，并严格执行。

答案：带病并网

《关于进一步推动新型储能参与电力市场和调度运用的通知》

57. 新型储能可作为独立储能参与电力市场。具备独立计量、控制等技术条件，接入调度自动化系统可被电网监控和调度，符合相关标准规范和电力市场运营机构等有关方面要求，具有法人资格的新型储能项目，可转为（　），作为独立主体参与电力市场。

答案：独立储能

58. 以配建形式存在的新型储能项目，在完成站内计量、控制等相关系统改造并符合相关技术要求情况下，鼓励与所配建的其他类型电源联合并视为一个整体，按照现有相关规则参与（　）。

答案：电力市场

59. 加快推动独立储能参与中长期市场和现货市场。鉴于现阶段储能容量相对较小，鼓励独立储能签订（　　）和（　　）市场合约，发挥移峰填谷和顶峰发电作用。独立储能电站向电网送电的，其相应充电电量不承担输配电价和政府性基金及附加。

答案：顶峰时段　低谷时段

60. 辅助服务费用应根据《电力辅助服务管理办法》有关规定，按照“（　　）”的原则，由相关发电侧并网主体、电力用户合理分摊。

答案：谁提供、谁获利，谁受益、谁承担

61. 鉴于现阶段储能容量相对较小，鼓励独立储能签订顶峰时段和低谷时段市场合约，发挥移（　　）和顶峰发电作用。

答案：移峰填谷

62. 鼓励独立储能按照辅助服务市场规则或辅助服务管理细则，提供有功平衡服务、无功平衡服务和事故应急及恢复服务等辅助服务，以及在电网事故时提供快速（　　）。

答案：有功响应服务

63. 对于暂未参与市场的配建储能，尤其是新能源配建储能，电力调度机构应建立科学调度机制，项目业主要加强储能设施系统（　　），确保储能系统安全稳定运行。

答案：运行维护

64. 进一步支持用户侧储能发展。各地要根据电力供需实际情况，适度拉大（　　），为用户侧储能发展创造空间。根据各地实际情况，鼓励进一步拉大电力中长期市场、现货市场上下限价格，引导用户侧主动配置新型储能，增加用户侧储能获取收益渠道。

答案：峰谷价差

《工业领域碳达峰实施方案》

65. 实施智能光伏产业发展行动计划并开展试点示范，加快基础材料、关键设备升级。推进先进太阳能电池及部件智能制造，提高光伏产品全生命周期（　　）。

答案：信息化管理水平

66. 加快充电桩建设及换电模式创新，构建便利高效适度超前的（　　）。

答案：充电网络体系

《“十四五”节能减排综合工作方案》

67. 实施绿色高效制冷行动，以建筑中央空调、数据中心、商务产业园区、冷链物流等为重点，更新升级制冷技术、设备，优化负荷供需匹配，大幅提升（　　）能效水平。

答案：制冷系统

《国家能源局关于加强新形势下电力系统稳定工作的指导意见》

68. 提升新能源和配电网的可观、可测、可控能力，研究分布式电源、可控负荷的汇聚管理形式，实现海量分散可控资源的精准评估、有效聚合和协同控制，同步加强（　　）。

答案：网络安全管理

《陕西省空调负荷管控工作方案》

69. 2024年持续推进空调负荷资源池建设，形成（　　）万千瓦空调负荷调控能力。

答案：160

70. 2025年确保应接尽接，形成不低于（　　）万千瓦的空调负荷调节能力。

答案：220

71. 根据《关于开展新型电力负荷管理系统建设的通知》有关规定，除居民、农业、公益性事业等民生用电和高危重要用户外，（　）新报装接电的高压用户，全部安装电力负荷管理终端，同步完成跳闸测试接入负荷管理系统。

答案：10千伏及以上

72. 商场、超市、地铁站等公共场所，严格执行中华人民共和国住房和城乡建设部印发的《公共建筑室内温度控制管理办法》中“（　）”规定。

答案：夏季不低于26度，冬季不高于20度

73. 按照“（　）”的原则，各地市电网企业在前期对相关用户充分调研和沟通的基础上，初步梳理了拟开展空调负荷柔性调节试点用户清单，后期可根据实际工作开展情况，扩大试点用户范围各地电力运行主管部门要做好试点工作的指导和协调，及时总结形成可复制、可推广经验。

答案：先行试点、逐步推广

第二篇　实操部分

1. 进入负荷管理系统—（　　）—计划管理，可以看到计划列表页，在列表页中点击“制定专项计划”或“制定指标计划”，可进入计划制定页。

答案：负荷摸排

2. 制定指标计划时需填写计划基本信息，明确目标可调能力，并指定需要分解/执行本计划的下级单位。其中，基本信息中展示的“重点行业”指的是本计划应重点关注的行业类型，该字段由系统自动填充，无须填写；基本信息中展示的“用户标签”指的是本计划应重点关注的用户类型，需要人工选择；基本信息中展示的可调能力占比用于计算目标可调能力，目标可调能力=（　　）。

答案：去年最大负荷×可调能力占比

3. 计划制定、编辑完成后，可进行发布动作。点击“发布”按钮，计划将下发至下级单位中。若是专项计划发布后，系统将根据计划中用户的供电单位，自动将计划下发到对应单位。比如：某专项计划中添加了甲乙丙三个用户，其中甲乙同属于A供电单位，乙属于B供电单位，则该计划发布后，（　　）将接收到带有甲乙用户的计划，（　　）将接收到带有丙用户的计划。若指标计划发布后，系统将根据计划中添加的供电单位，自动将计划下发到对应单位。

答案：A　B

4. 若计划创建后因某些原因需要暂停排查，可点击列表页中的“（　　）”按钮将自己制定的计划进行锁定，锁定后的计划及所有子计划/子任务都将不可操作。

答案：锁定

5. 具备接入条件的任务在审批通过后，还需由区县专责点击“材料上传与审批”按钮，进入材料上传审批页，上传负荷管理装置接入方案以及审批排查人员在App上传（　　）。

答案：协议附件、现场接入附件、能力验证材料

6. 针对进展较慢的任务，区县专责可点击“（　　）”按钮将催办消息推送给排查人员，告知该任务需紧急办理。

答案：催办

7. 排查人员进入负荷管理系统—（　　）—数据填报页后，可以看到待填报的用户列表，点击“填报”后可进入填报页。

答案：负荷摸排

第三篇　电力技能试题

一、单选

1. 用电现场管理终端采用（　　）安装方式，与电能表一般通过（　　）连接。

A. 垂直，RS–485　B. 水平，RS–485

C. 垂直，GPRS　D. 水平，GPRSo

答案：A

2. 电能计量装置配置原则：变压器容量为630千伏安，TA一次电流为（　　）安培。

A. 800　B. 1000　C. 1200　D. 1500

答案：B

3. 采集器具有（　　）功能，任一采集器均可作为其他两载波节点间的中继节点，实现载波信号转发功能。

A. 中继　B. 指令和数据转发

C. 表地址索引表免维护　D. 本地及远程维护

答案：A

4. 低压窄带载波通信是指载波信号频率范围不大于（　　）千赫兹的低压电力线载波通信。

A. 500　B. 300　C. 400　D. 100

答案：A

5. 触电急救用口对口人工呼吸，正常的吹气频率是（　　）次/分钟。

A. 12　　B. 16　　C. 20　　D. 30

答案：A

6. 电能表清零操作必须作为事件（　　）。

A. 永久记录　　B. 失压跳闸　　C. 手动跳闸　　D. 有极性跳闸

答案：A

7. 电能计量箱的最高观察窗中心线距安装地面不高于（　　）m。

A. 1.2　　B. 1.4　　C. 1.6　　D. 1.8

答案：D

8. 针对各类异常处理过程中发现的疑难问题，由（　　）进行疑难问题登记。

A. 采集运维人员　　B. 采集监控人员

C. 采集技术人员　　D. 管理人员

答案：A

9. 专变、大客户终端要求尺寸不大于（　　）（长×宽×高）。

A. 280mm×180mm×12mm　　B. 290mm×180mm×100mm

C. 290mm×180mm×110mm　　D. 290mm×180mm×120mm

答案：B

10. 穿芯一匝500/5A的电流互感器，若穿芯4匝，则倍率变为（　　）。

A. 400　　B. 125　　C. 100　　D. 25

答案：D

11. 集中器RS485通信端口的合理电压范围为（　　）。

A. 0.5～2.5伏　　B. 1.0～3.0伏　　C. 3.5～4.5伏　　D. 5.0～8.0伏

答案：C

12. 采集设备软件升级应以（　　）方式为主。

A. 现场升级　　B. 远程升级　　C. 试点升级　　D. 备份升级

答案：B

13. 终端状态量输入为不带电的开/合切换触点。每路状态量在稳定的额定电压输入时，其功耗不大于（　　）瓦特。

A. 0.1　　B. 0.2　　C. 0.3　　D. 0.4

答案：B

14. 电能表的基本电流不包括（　　）安培。

A. 0.3　　B. 1.5　　C. 5　　D. 15

答案：B

15. 如果触电者心跳停止，呼吸尚存，应立即用（　　）对触电者进行急救。

A. 仰卧压胸法　　B. 俯卧压背人工呼吸法

C. 口对口人工呼吸法　　D. 胸外心脏按压法

答案：D

16. 采用230兆赫专用信道的终端应设长发限制，长发限制时间可以设置为（　　）分。

A. 0.5 ~ 1　　B. 1 ~ 2　　C. 1.2 ~ 3　　D. 1 ~ 2.4

答案：B

17. 终端运行温度环境：正常工作温度为（　　）。

A.（–30 ~ +60）℃　　B.（–40 ~ +60）℃

C.（–20 ~ +60）℃　　D.（–30 ~ +70）℃

答案：A

18. RS485通信信道属于（　　）的协议标准。

A. 数据层　　B. 交换层　　C. 物理层　　D. 采集层

答案：C

19. 终端没有抄表数据，查（　　），原因是换表未重新设置参数，需重新下发参数。

A. 相关档案　　B. 相关档案或现场核查

C. 现场核查　　D. 主站数据

答案：B

20. 终端对时：终端应有日历时钟单元，计时日误差小于（　　）。

A. ±0.2s/d　　B. ±0.4s/d　　C. ±0.5s/d　　D. ±0.8s/d

答案：C

21. 下列不属于高速终端登录流程的是（　　）。

A. 扫描信道　　B. 设置APN　　C. 连接申请　　D. 附着申请

答案：B

22. 三元件电能表用于（　　）供电系统测量和记录电能用。

A. 二相三线制　　B. 三相三线制　　C. 三相四线制　　D. 三相五线制

答案：C

23. 电压、电流回路U、V、W各相导线、PE线、中性线N或零线应分别采用（　　）色线。

A. 黄、绿、红，黄绿，黑　　B. 黄、红、绿，红绿，橙

C. 黄、红、绿，黄绿，黄　　D. 黄、绿、红，红绿，黑

答案：A

24. 用电信息采集与监控终端（简称“终端”）是用电现场服务与管理系统及用电信息采集与监控系统中的重要终端设备之一，主要用于对用

户的（　　）采集与监控。

A. 用电数据　B. 用电信息　C. 用电设备　D. 用户信息

答案：B

25. 做人工呼吸时，如果发现触电者嘴唇张开、眼皮活动以及喉咙有咽东西的动作时，说明触电者开始自动呼吸，此时触电者（　　）。

A. 可以坐起　B. 可以正常工作　C. 可以立起　D. 还需被观察

答案：D

26. 如果该台终端的GPRS参数不对，处理故障的方法是（　　）。

A. 重新设置终端地址　B. 检查并重新下发终端GPRS参数

C. 更换通信模块　D. 更换SIM卡

答案：B

27.（　　）是指对采集质量进行监控。

A. 采集数据应用率　B. 终端在线率　C. 数据完整率　D. 全事件配置率

答案：A

28. 下列触电方式（　　）最危险。

A. 两相触电　B. 单相触电　C. 垮步电压　D. 接触电压

答案：A

29. 低压载波表日冻结数据的时间点是（　　）。

A. 每日0时　B. 每日6时　C. 每日12时　D. 每日20时

答案：A

30. 22伏单相供电电压允许偏差为标称电压的（　　）。

A. +7%、–10%　B. +10%、–10%

C. +10%、–5%　D. +10%、–15%

答案：A

31. 不属于终端初始化操作内容的是（　）。

A. 硬件初始化　　B. 数据区初始化

C. 参数区初始化　　D. 程序初始化

答案：D

32. 电能表采用光电脉冲采样方式自动计量用电量并扣减购电金额，当购电金额用完时，自动断电。简称为（　）。

A. 智能控制功能　　B. 预报警功能　　C. 安全保护功能　　D. 检查功能

答案：A

33. 当要远程采集低压居民用户抄表数据时，应安装（　）采集设备。

A. 专变终端　　B. 大客户终端　　C. 公变终端　　D. 变电站终端

答案：C

34. 低压通信模块铭牌上，应不包括哪些内容（　）。

A. 生产日期　　B. 模块名称　　C. 资产编号　　D. 资产条形码

答案：A

35. 专变采集终端采集并保存最近（　）个月的历史月数据。

A. 6　　B. 8　　C. 12　　D. 24

答案：C

36. 每天用电信息采集系统主站采集成功的用户数/应采集的用户总数是（　）。

A. 日采集抄通率　　B. 日采集成功率

C. 日采集完整率　　D. 日采集接入率

答案：B

37. 用电信息采集与监控系统是采集客户端实时（　　）的平台。

A. 客户数据　　B. 用电信息　　C. 用电数据　　D. 客户信息

答案：B

38. 穿芯一匝800/5安培的电流互感器，若穿芯4匝，则变比为（　　）。

A. 400/5安培　　B. 300/5安培　　C. 100/5安培　　D. 200/5安培

答案：D

39. 涡流在（　　）磁场方向的面内环流。

A. 垂直　　B. 平行　　C. 斜交

答案：A

40. 窄带载波的传输距离为（　　）。

A. 50—1000m　　B. 100—1000m　　C. 200—1000m　　D. 300—1000m

答案：C

二、多选

1. 发现有人高压触电应正确解救方法是（　　）。

A. 向领导汇报

B. 应立即断开电源侧高压断路器或用绝缘操作杆拉开高压跌落熔断器

C. 若事故地点离断路器太远，则可用金属棒等物，抛掷至高压导电设备上，使其短路后保护装置动作，自动切断电源。但要注意抛掷物要足够粗，并保护自己的安全，防止断线掉下自己触电或被高压短路电弧烧伤

答案：BC

2. 下发打开通话指令，可以测试终端的（　　）功能。

A. 报警　　B. 通话　　C. 遥信　　D. 遥控

答案：AB

3. 供电台区识别仪专门用于识别（　　）之间的关系。

A. 各类用户管理终端　B. 开关柜

C. 所属变压器台区　　D. 电能表

答案：ACD

4. 主台发送监测信号后，终端电台的BUSY灯亮，但是主板上的RD不亮，可能的故障有（　　）。

A. 电台坏　B. 电台没收到信号　C. 终端MODEM坏　D. 终端主板故障

答案：ACD

5. 验电笔是由以下（　　）部件组成的。

A. 弹簧　B. 氖泡　C. 笔尖金属体　D. 笔尾金属体　E. 连接线　F. 高压电阻

答案：ABCDF

6.采集系统常见的远程通信信道故障有（　　）。

A. 载波模块损坏　　　B. 运营商网络或光纤网络故障

C. 通信卡损坏、丢失、欠费　D. 信号强度弱

答案：BCD

7. 在现场分析终端离线的方法、处置步骤为（　　）。

A. 判断是否因停电引起终端离线

B. 判断终端通信参数是否正确

C. 判断终端获取的信号强度是否足够

D. 检查无线通信模块及通信卡安装情况

E. 检查采集终端是否发生故障

F. 判断终端的工作状态是否正常

答案：BCDEF

8. 造成终端频繁登录主站的常见原因有（　）。

A. 终端心跳周期参数设置错误　B. 终端安装位置信号强度弱

C. 采集终端部分硬件出现故障，如远程通信模块故障或采集终端其他硬件部分出现故障

D. 采集终端软件出现故障，如采集终端内存溢出

答案：ABCD

9. 购电单下发失败的有哪几种情况？（　）

A. 必须保电投入　B. 终端密钥不正确

C. 该用户不是购电用户　D. 购电控设置解除

答案：BD

10. 接入负荷管理终端的控制开关，应带有电动跳闸机构，通常为（　）方。

A. 失压跳闸　B. 手动跳闸　C. 有极性跳闸　D. 励磁跳闸

答案：D

11. 终端接收到主站下发的初始化命令后，分别对硬件、参数区（　）。

A. 数据区进行初始化　B. 参数区置为缺省值

C. 数据区清零　D. 控制解除

答案：ABCD

12. 导致负荷管理终端在执行时段功控时跳闸失败的原因有（　）。

A. 保安负荷定值等于零

B. 保电解除，时段功控投入，功控轮次投入，当前时间段功控有效

C. 当前时间段功率定值等于零

D. 终端通信突然中断

答案：AC

13. 集中抄表终端（公变终端、采集器）故障排查过程中对电能表的检查检测内容有（　　）。

A. 检查电能表运行是否正常，有无损坏、烧灼、黑屏、停走等现象

B. 核对电能表信息（包括表内地址、通信规约等信息）与系统是否一致

C. 核查电能表铅封是否完好

D. 在RS485通信线缆未连接状态下用万用表测量电能表RS485通信接口电压是否正常

答案：ABD

14. 主台对终端的采集方式按数据内容分为（　　）。

A. 功率　B. 开关状态　C. 模拟量　D. 电量

答案：ACD

15. 专变采集终端故障排查作业中，本地通信故障的检查内容（　）。

A. 检查外观是否正常

B. 检查脉冲数据线是否正常，终端和电能表的脉冲端口是否正常

C. 电能表通信参数设置（电能表地址、规约、波特率等）是否正确

D. 检查RS485数据线是否正常，终端和电能表的RS485端口是否正常

答案：BCD

16. 终端安装时，需要考虑的因素包括（　　）。

A. 装高度便于人员操作查看

B. 应安装在阳光能够照到的地方

C. 应留出安全距离及工作人员操作的空间

D. 避免安装在较潮湿、有强电场和强磁场的地方

答案：ACD

17. 运行中的I型公变终端，在某天之后突然无法抄表，其原因有（　）。

A. 换表后未配置新表的通信参数

B. RS485接线问题，如存在错接、短路、断路等现象

C. 终端下行通信模块故障

D. 终端、电能表的RS485接口故障

E. 终端的抄表参数丢失

答案：ABCDE

18. 以下哪些原因能导致大客户终端通信故障（　）。

A. 终端自身通信模块故障

B. 终端与主站相关参数未设置正确

C. 网络信号问题，终端安装处无网络覆盖

D. SIM卡故障

答案：ABCD

19. 以下哪项原因可能造成专变计量终端无法上线（　）。

A. 终端安装现场无信号

B. 终端接线错误

C. 终端相关通信参数设置错误

D. 终端通讯模块损坏或通信卡坏

答案：ABCD

20. 当发生数据采集错误时，主站侧应检查（　）档案及参数设置。

A. 检查主站与现场电能表测量点档案是否一致

B. 终端参数是否正确设置

C. 若主站与现场电能表测量点档案不一致或参数设置错误，则正确

设置终端参数并重新下发

D. 其他档案是否正确

答案：ABC

21. 在数据查询中，选择（　）可以查询相应数据。

A. 以上所有　B. 历史日数据　C. 历史月数据　D. 实时数据

答案：BC

22. 一台大客户终端功控和购电控投入，且保电投入，下列（　）现象一定出现。

A. 剩余电量超过跳闸电量后，不跳闸

B. 功率不为零，但剩余电量不减少

C. 功率超定值，但不告警

D. 功率超定值，但不跳闸

答案：AD

23. 为保证大客户终端时段功控投入后正确执行，需正确下发（　）控制参数。

A. 保电解除　B. 功控时段　C. 功控轮次　D. 功率定值

答案：ABCD

24. 触电急救的“八字原则”是（　）。

A. 准确　B. 坚决　C. 坚持　D. 安全第一，预防为主　E. 就地　F. 迅速

答案：ACEF

25. 终端开通时，向主站上报的调试参数中，属于采集功率的参数包括（　）。

A. KTV、KTA、Kp　B. 总加属性

C. 表计地址规约　　D. 遥信遥控状态

答案：AB

三、判断

1. 内蒙古电力营销采控系统中，使用“参数设置流程”功能可以下发全部参数。

A. 正确　　B. 错误

答案：B

2. 大客户终端的一个测量点可以对应两个电能表。

A. 正确　　B. 错误

答案：B

3. 采集终端内电能表地址档案和主站档案不一致，可能引起终端数据采集错误。

A. 正确　　B. 错误

答案：A

4. 大客户终端调试时，如果终端显示信号正常，却不能上线，应首先检查终端天线是否连接可靠。

A. 正确　　B. 错误

答案：B

5. 大客户终端在进行遥控跳闸时，如果主站未下发允许合闸命令，现场的合闸操作可以完成，但过一会儿还会跳开。

A.正确　　B.错误

答案：B

6. 终端在设置了催费告警参数后，在设置的时间段内会发出声光告警，提醒用户缴费。

A. 正确　　B. 错误

答案：A

7. 电气设备检修工作间断后，次日复工时，若安全措施没有改变，工作负责人无须通过值班员许可，可以进入工作地点继续工作。

A. 正确　　B. 错误

答案：B

8. 内蒙古电力营销采控系统中，用户远程充值状态包括未充值、充值失败、充值成功。

A. 正确　　B. 错误

答案：A

9. 非预付费电能表更换为预付费电能表，走非预付费轮换工作票进行更换处理。

A. 正确　　B. 错误

答案：B

10. 对某厂实施功控，指标为500千瓦，时间为8: 00至10: 00，操作过程：选中该用户，将8: 00至10: 00设置为平段，其余时段为谷段，相应的定值设置为500千瓦，设置功控的轮次，下发时段及定值，并投入功控。

A. 正确　　B. 错误

答案：B

11. 对拆除的终端，应当废品卖掉处理。

A. 正确　　B. 错误

答案：B

12. 内蒙古电力营销采控系统中，使用“低压数据召测”功能可以采集低压电能表当前电流。

A. 正确　B. 错误

答案：B

13. 某公变终端连续4天抄不到智能电能表日冻结数据，可抄到实时数据，现场处理应更换SIM卡。

A. 正确　B. 错误

答案：B

14. 变电站终端设置多块电能表参数时应与系统录入一致，否则会导致电能表抄读失败或抄读的数据有误。

A. 正确　B. 错误

答案：A

15. 目前，市场上不同生产厂家提供的载波芯片都能互联互通。

A. 正确　B. 错误

答案：B

16. 选择终端电源点应稳定可靠，变电站终端应选用交流或直流220V电源供电。

A. 正确　B. 错误

答案：A

17. 在三相供电系统中，三相电压大于电能表的临界电压，三相电流中任一相或两相小于启动电流，且其他相线负荷电流大于5%额定（基本）电流的工况。

A. 正确　B. 错误

答案：A

18. 公变终端下的低压通信模块TCD××××J采用电力线载波通信方式。

A. 正确　　B. 错误

答案：B

19. RS485接线的极性接反会影响正常抄表。

A. 正确　　B. 错误

答案：A

20. 本地无线通信距离要求不小于10米，提供相应的可进行无线通信的手持抄读器用于对终端进行读取数据和设置参数。提供本地无线通信方式时，可不再提供本地红外接口。

A. 正确　　B. 错误

答案：A

21. 要求RS485A、B端子间应能承受380伏交流电压，并持续5分钟不损坏。

A. 正确　　B. 错误

答案：A

22. 日冻结时间默认为每日零点，如果零点无法冻结到数据，可使用30分钟内离零点最近的数据作为当日零点冻结数据。

A. 正确　　B. 错误

答案：A

23. 雷雨天气仍可以在室外进行专变采集终端的天线安装。

A. 正确　　B. 错误

答案：B

24. 终端要求至少能接入4块多功能电能表。

A. 正确　　B. 错误

答案：A

25. 天线主要用于接收和发射信号，天线的好坏直接影响到系统的通信质量。

A. 正确　　B. 错误

答案：A

26. 大客户终端购电控投入后出现电量扣减不准的现象，一定是倍率设置错误。

A. 正确　　B. 错误

答案：B

27. 内蒙古电力营销采控系统中，档案信息变更中高级查询不允许使用用户编号查找。

A. 正确　　B. 错误

答案：B

28. 高速终端登录标志R，闪烁代表登录成功。

A.正确　　B.错误

答案：B

29. 抄电能表时钟时，必须用终端的当前时间作为抄表时间，以保证系统能发现电能表时钟误差。

A. 正确　　B. 错误

答案：A

30. 若采集终端现场无线公网信号覆盖较差，则可考虑更换其他无线运营商的通信方案。

A. 正确　　B. 错误

答案：A

31. 安装GPRS终端时，电流回路一定不能开路、电压回路一定不能短路。

A. 正确　　B. 错误

答案：A

32. 采控档案中的电能表地址有误不会引起该电能表数据采集失败。

A. 正确　　B. 错误

答案：B

33. 大客户终端要求能采集多功能电能表的谐波数据。

A. 正确　　B. 错误

答案：A

34. 内蒙古电力营销采控系统中，开户任务状态包括执行成功、执行失败。

A. 正确　　B. 错误

答案：B

35. 高载能企业在缴费用电后，应将缴费金额转换为等值电量下发至用户购电控终端。

A. 正确　　B. 错误

答案：A

36. 短路电流互感器二次绕组，可以采用导线缠绕的方法。

A. 正确　　B. 错误

答案：B

37. RS485通信线缆应用扎带或不干胶线卡固定，绑扎完毕后要剪掉多余的尾线，导线捆扎和线束固定应牢固和整齐。

A. 正确　　B. 错误

答案：A

38. 变电站终端与电能表之间的通信口波特率固定为1200比特率。

A. 正确　　B. 错误

答案：B

39.单相电能表相（火）线、零线颠倒接入对电能表的正确计量没有潜在的影响。

A.正确　　B.错误

答案：B

40. 开路情况下，RS485接口AB两端的电压是0伏。

A. 正确　　B. 错误

答案：B

四、简答

1. 什么是电力负荷管理?

答案：电力负荷管理是指对电力供应系统中的电力负荷进行有效控制和管理的过程。通过分析和预测负荷变化，合理调度电力资源，实现供需平衡，以提高电力系统的运行效率和稳定性。

2. 电力负荷管理的目的是什么?

答案：电力负荷管理的目的是合理安排电力供应，确保满足用户需求的同时，尽量减少能源浪费和运行成本。通过优化负荷的分配和调度，实现电力系统的合理运行，提高供电质量和经济效益。

3. 电力负荷的分类有哪些?

答案：电力负荷可以分为基本负荷、峰值负荷和储备负荷。基本负荷是指电力系统在正常运行情况下所需的常规负荷，如居民用电和常规工商业用电；峰值负荷是指需要在特定时间段内满足的峰值需求，如高温天气下的空调负荷；储备负荷是指为应对意外情况或高峰期间而保留的备用供电能力。

4. 电力负荷管理的方法有哪些?

答案：电力负荷管理的方法包括负荷预测、负荷调度和负荷控制。负荷预测通过对历史数据和趋势进行分析，预测未来的负荷需求；负荷调度根据负荷预测结果和电力系统实际情况，合理安排发电计划和电力调度；负荷控制通过控制和调整负荷的运行状态，确保负荷与供应之间的平衡。

5. 电力负荷管理的挑战是什么?

答案：电力负荷管理面临的挑战包括负荷波动性、需求不确定性和供应可靠性。负荷波动性指负荷在不同时间段内的变化幅度大，难以准确预测；需求不确定性指用户需求的变化难以预测，可能出现突发峰值需求；供应可靠性指电力系统供应能力的稳定性和可靠性，需要保证系统的安全运行。

第四篇　电力负荷管理竞赛系统

题目1：区域负荷管理策略设计

某省级电网下辖A、B、C三个地市电网，该省历史最高负荷为950万千瓦，由于持续高温高热天气，用电负荷持续攀升，预计8月4日最大用电负荷达1100万千瓦，当日晚峰时段（18: 00—21: 00）将出现100万千瓦电力供应缺口。

1. 根据《电力负荷管理办法（2023年版）》，当出现电力供应缺口时，该省级电力运行主管部门和电网企业应及时发布预警信息，本次发布的预警等级颜色应为（　）。

答案：黄色

2. 为应对8月4日晚峰缺口，C市计划优先采用需求响应措施。

（1）C市已签约需求响应资源详见表4–1，请在表4–1中筛选可参与本次需求响应的市场主体，序号为（　）；合计响应能力为（　）（按照符合条件的市场主体全部参与响应，响应能力按照签约能力的80%计算）。

表4-4-1　C市需求响应签约资源明细表

序号	市场主体	签约响应能力①	签约响应时段②	签约响应时长
1	××水泥企业	1000	8: 00 － 22: 00	4
2	××虚拟电厂	2000	00: 00 － 24: 00	4
3	××负荷聚合商	500	00: 00 － 24: 00	3
4	××机关事务管理局	20	8: 00 － 18: 00	3

续表

序号	市场主体	签约响应能力①	签约响应时段②	签约响应时长
5	××充电设施运营商	1000	8: 00 － 22: 00	4
6	××酒店	500	8: 00 － 17: 00	2

注：①签约响应时段为用户可参与需求响应的时段；②签约响应时长为用户在签约响应时段内可连续响应的时长。

答案：1235　3600千瓦

（2）C市依托新型电力负荷管理系统开展本次需求响应，虚拟电厂、负荷聚合商等部分市场主体参与情况见表4–2。

A. 实际负荷响应率在80%以内（含80%）时，无补贴；

B. 实际负荷响应率在80% 至 120%之间（含120%）时，按实际平均响应负荷×2元/千瓦进行补贴；

C. 实际负荷响应率在120%～150%之间（含150%）时，超出120%部分，按实际平均响应负荷×1.6元/千瓦进行补贴；未超出部分按方案B执行。

D. 实际负荷响应率在150%以上时，超出150%部分，无补贴；未超出部分按方案B、C执行。

（3）请计算表4–2中各类市场主体的补贴金额。（每空2分，共6分）

表4–4–2　C市本次需求响应实际参与市场主体明细表

序号	市场主体	签约响应能力（千瓦）	实际平均响应负荷（千瓦）	补贴金额（元）
1	××水泥企业	1000	1600	（　）
2	××虚拟电厂	2000	1900	（　）
3	××负荷聚合商	500	650	（　）

答案：2880　3800　1280

3. 假设该省仅采用有序用电方式应对8月4日晚峰缺口，参照《国家电网公司有序用电工作指引》中的“双高企业”首限法，将100万千瓦有序用电执行指标分解至三个地市，参考数据详见表4–3。

A市有序用电执行指标应为：（　　）万千瓦（计算结果四舍五入保留至整数位）。（5分）

表4–4–3　各地市有序用电执行指标参考数据

地市	前5天双高企业平均负荷（万千瓦）	前5天双高企业最大负荷（万千瓦）	前5天本市最大用电负荷（万千瓦）
A市	32	50	280
B市	38	55	330
C市	34	49	318

答案：32

4. 假设A市下辖东城区8月4日有序用电执行指标为5万千瓦，该地区有序用电方案遵循以下原则：按照执行指标120%的裕度（6万千瓦），优先足额限制“两高”用户，尽量减少影响用户范围。

请从表4中筛选出适合参与本次有序用电的用户，填写用户序号。（10分，多选、漏选一项扣2分）

表4–4–4　A市负荷管理用户清单

序号	户　名	区域	用户类别	行　业	基线负荷（千瓦）	保安负荷（千瓦）	最长连续调节时间（小时）	可调节时段	是否两高用户
1	天安钢铁集团有限公司	东城区	工业用户	钢铁	30000	10000	4	00: 00 － 24: 00	是
2	绿源氯碱有限公司	东城区	工业用户	氯碱	5000	2000	24	00: 00 － 24: 00	是
3	中新水泥有限公司	东城区	工业用户	水泥制造	3000	1000	2	18: 00 － 22: 00	是
4	东城区机关事务服务中心	东城区	一般工商业	公共管理和社会组织、国际组织	2000	1000	8	8: 00 － 18: 00	否
5	中天精细化工有限公司	东城区	工业用户	化学原料和化学制品制造业	6000	3000	24	00: 00 － 24: 00	是
6	力科纺织有限责任公司	东城区	工业用户	纺织业	3000	1000	4	00: 00 － 24: 00	否

续表

序号	户　名	区域	用户类别	行　业	基线负荷（千瓦）	保安负荷（千瓦）	最长连续调节时间（小时）	可调节时段	是否两高用户
7	天江钢铁集团有限公司	东城区	工业用户	钢铁	20000	4000	24	00: 00 － 24: 00	是
8	西平水泥有限公司	西城区	工业用户	水泥制造	3000	1000	4	00: 00 － 24: 00	是
9	神龙铝业有限公司	东城区	工业用户	铝冶炼	12000	2000	24	00: 00 － 24: 00	是
10	金山纸业有限公司	东城区	工业用户	造纸和纸制品业	6000	2000	24	00: 00 － 24: 00	否
11	飞天水泥有限公司	东城区	工业用户	水泥制造	5000	1000	4	00: 00 － 24: 00	是
12	西城化工有限公司	西城区	工业用户	化学原料和化学制品制造业	6000	3000	24	00: 00 － 24: 00	是
13	史丹利复合肥有限公司	东城区	工业用户	肥料制造	5000	1000	4	18: 00 － 24: 00	是
14	宇扬机械有限公司	东城区	工业用户	金属制品、机械和设备修理业	3000	1000	8	8: 00 － 18: 00	否
15	东方氯碱有限公司	东城区	工业用户	氯碱	6000	2000	24	0: 00 － 24: 00	是
16	中新水泥有限公司	东城区	工业用户	水泥制造	3000	1000	4	16: 00 － 20: 00	是
17	东城区广播电视台	东城区	一般工商业	公共管理和社会组织、国际组织	2000	1000	8	00: 00 － 24: 00	否
18	东升汽车制造有限公司	东城区	工业用户	汽车制造业	3000	1000	8	00: 00 － 24: 00	否

答案：125791115

5.现场走访某工业企业，其一次主接线图如图4–1所示。

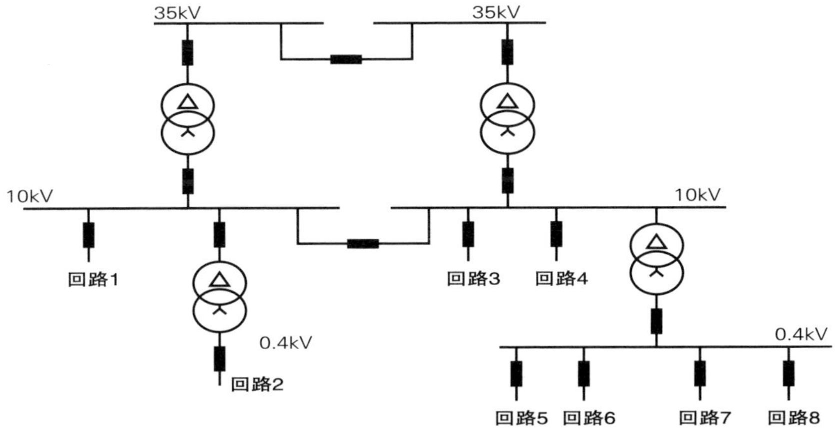

图4–4–1　某工业企业一次主接线图

（1）根据图4–1与主要设备信息，完善表4–5用户负荷资源排查信息表。（各1分，共6分）

表4–4–5　某工业企业负荷排查信息表

回路名称	电压等级（千伏）	主要设备	调节类型（可中断/可调节/不可调节）	最大运行负荷	最大调节比例%	爬坡响应时间	负荷分类（T1–T6）
回路1	10	玻璃熔窑	可调节	2100	8	30小时	T6
回路2	0.4	循环水泵 传送带	可调节	900	100	20分钟	T3
回路3	10	退火窑	可调节	2100	5	2.5小时	T4
回路4	10	空压机	可中断	2800	100	20秒	T1
回路5	0.4	分体及中央空调系统	可调节	250	30	40分钟	T4
回路6	0.4	办公照明	可中断	100	100	35分钟	T4
回路7	0.4	厂区充电桩	可调节	240	50	5分钟	不可调节
回路8	0.4	消防水泵	不可调节	200	0	0	—

（2）根据表4–5，计算用户实时响应能力与日内响应能力（计算结果四舍五入保留整数）。（每空2.5分，共5分）

①实时响应能力（　　）千瓦。

②日内响应能力（不含实时响应能力）（　　）千瓦。

答案：3820　280

（3）仅按照可调控负荷（包含可中断、可调节）从大到小依次接入的原则，请对该用户可接入回路优先级进行排序（保安负荷不接入）：（ ）。（排序示例1–2–3–4，5分）。

答案：4–2–1–7–3–6–5

题目2：用户负荷管理措施执行分析

某大工业用户为A省B市有序用电用户，经前期排查，用户保安负荷约为1 000千瓦。该用户于2022年7月21日至7月23日依托新型电力负荷管理系统执行有序用电，执行时段为18: 00至20: 00，执行期间用电负荷控制在2 000千瓦及以内，7月7日至7月23日用户负荷数据见表4–4–6。

表4–4–6 2022年7月7日至7月23日用户负荷数据（单位：千瓦）

日期/时间	17: 00	17: 15	17: 30	17: 45	18: 00	18: 15	18: 30	18: 45	19: 00	19: 15	19: 30	19: 45	20: 00
2022/7/7（周四）	5112	6282	5877	5751	6777	5787	5643	5067	5319	6525	6381	5337	5112
2022/7/8（周五）	6525	5769	5256	5571	5238	6219	6534	6750	5742	6245	6219	6624	6525
2022/7/9（周六）	5508	5553	4464	4797	5274	5310	4581	4032	5706	4509	5913	5760	4401
2022/7/10（周日）	4617	5796	4635	4023	5760	5337	4464	4554	4365	4005	4887	5094	5391
2022/7/11（周一）	6480	6183	6309	5148	5706	5823	5229	5976	6651	5184	5787	5427	6201
2022/7/12（周二）	6273	6192	5868	5706	6471	6129	5013	5391	6255	6633	5994	6399	6705
2022/7/13（周三）	5661	6336	5454	6066	5337	6750	5733	5526	6363	5661	6534	6345	5013
2022/7/14（周四）	6237	6552	6885	5490	5238	5220	5598	6183	5670	6561	5202	6192	6057
2022/7/15（周五）	5139	6300	6489	5076	5322	6948	5913	6030	6849	5535	5130	5406	5337
2022/7/16（周六）	5877	4050	5670	5391	5148	5859	4986	5301	4950	5166	4689	4851	5967
2022/7/17（周日）	4347	4185	5580	4878	5643	5985	4023	4743	5436	4158	5886	4779	5436
2022/7/18（周一）	5274	6669	5355	6741	5421	6210	6084	5778	5220	6840	6048	6435	5496
2022/7/19（周二）	5427	6300	6372	5805	6267	6669	6093	6489	5607	5445	5805	5283	6396
2022/7/20（周三）	3321	3672	3303	3267	3348	3465	3339	3231	3366	3267	3087	3357	3627
2022/7/21（周四）	4689	4509	4410	4239	1710	1674	1962	1602	1917	1854	1953	1872	2259
2022/7/22（周五）	4680	4626	4662	4635	2070	2160	2034	2034	1980	1980	1989	1989	2052
2022/7/23（周六）	4293	4320	4644	4518	1728	1674	1908	1557	1917	1584	1863	1557	1827

代表检修日　代表休息日

1. 基于本次有序用电执行日，筛选3个合适的基线计算基准日。（填写示例：×月×日）（每空2分，共12分）

7月22日基准日：（　）（　）（　）

7月23日基准日：（　）（　）（　）

答案：7月15日　7月18日　7月19日

7月10日　7月16日　7月17日

2. 计算用户7月22日基线负荷、实际压减负荷数据，并填入下表。（每空0.5分，共9分）

表4-4-7　基线负荷、实际减压负荷数据

执行时刻	18: 00	18: 15	18: 30	18: 45	19: 00	19: 15	19: 30	19: 45	20: 00
基线负荷值									
实际压减负荷									

答案：5670　6609　6030　6099　5892　5940　5661　5708　5743

3600　4449　3996　4065　3912　3960　3672　3719　3691

3. 请计算7月22日该用户19：00时刻目标负荷执行到位率并判断此指标是否达标（计算结果四舍五入保留2位小数）。（第一空4分、第二空3分，共7分）

（1）用户19：00时刻目标负荷执行到位率=（　）。

（2）是否达标（填是或否）：（　）。

答案：100.51%　是

4.请计算7月22日该用户目标负荷执行平均到位率并判断此指标是否达标。（计算结果四舍五入保留2位小数）（第一空4分、第二空3分，共7分）

（1）用户目标负荷执行平均到位率=（　）。

（2）是否达标（填是或否）：（　）。

答案：99.19%　是

5. 请计算7月21日该用户执行响应及时率并判断此指标是否达标。（第一空4分、第二空3分，共7分）

（1）用户执行响应及时率=（　　）

（2）是否达标（填是或否）：（　　）。

答案：1　是

6.请计算7月21日该用户最大超限率并判断此指标是否达标（计算结果四舍五入保留2位小数）。（第一空5分、第二空3分，共8分）

（1）用户最大超限率=（　　）。

（2）是否达标（填是或否）：（　　）。

答案：12.95%　否